GYSTOLETTE

PAR

JULES CHAREYRE

DOCTEUR ÈS SCIENCES NATURELLES
MEMBRE DE LA SOCIÉTÉ BOTANIQUE DE FRANCE
PRÉPARATEUR DE BOTANIQUE À LA FACULTÉ DES SCIENCES DE MARSEILLE

MONTPELLIER

TYPOGRAPHIE ET LITHOGRAPHIE BOEHM ET FILS

ÉDITEURS DU MONTPELLIER MÉDICAL, DE LA REVUE DES SCIENCES NATURELLES
IMPRIMEURS DE LA GAZETTE HEBDOMADAIRE DES SCIENCES MÉDICALES

1885

NOUVELLES RECHERCHES

SUR

LES CYSTOLITHES

NOUVELLES RECHERCHES

SUR LES

CYSTOLITHES

PAR

JULES CHAREYRE

DOCTEUR ÈS SCIENCES NATURELLES
MEMBRE DE LA SOCIÉTÉ BOTANIQUE DE FRANCE,
PRÉPARATEUR DE BOTANIQUE A LA FACULTÉ DES SCIENCES DE MARSEILLE.

MONTPELLIER

TYPOGRAPHIE ET LITHOGRAPHIE BOEHM ET FILS

ÉDITEURS DU MONTPELLIER MÉDICAL, DE LA REVUE DES SCIENCES NATURELLES,
IMPRIMEURS DE LA GAZETTE HEBDOMADAIRE DES SCIENCES MÉDICALES.

1884.

A MON EXCELLENT MAITRE

M. le Docteur Ed. HECKEL

Professeur à la Faculté des Sciences et à l'École de Médecine de Marseille.

*Hommage de reconnaissance et
d'affection.*

J. CHAREYRE.

NOUVELLES RECHERCHES

LES CYSTOLITHES

INTRODUCTION.

Depuis que Meyen a, le premier, signalé l'existence, dans les feuilles de Ficus, de corpuscules spéciaux, incrustés d'une certaine quantité de carbonate de chaux, l'attention d'un nombre relativement considérable d'observateurs s'est portée sur ces formations ; en effet, par la complication de leur structure et par leur existence exclusive dans quelques rares familles végétales, elles constituent une des formes les plus intéressantes des dépôts minéraux dans les tissus des plantes.

Après avoir, en 1827, mentionné la présence de ces formations dans les feuilles de Ficus [1], Meyen revint, en 1839 [2], sur leur étude, et décrivit en détail les *glandes cristallines* de *Ficus elastica* Roxb. Il constata que ces corpuscules sont d'abord formés d'une substance molle, se dissolvent peu à peu ou se gonflent considérablement dans l'eau bouillante, et subissent un renflement subit dans les acides minéraux ; d'après ces faits, la masse lui sembla formée de gomme ou d'une substance analogue ; aussi les désigne-t-il sous le nom de *masses claviformes gommeuses* (*Gummikeulen*). Quant aux saillies mamelonnées qu'il rencontrait

---

[1] Meyen ; *S. d. angef. Abhandl.*, 1827, pag. 257. — *Phytotomie*, 1830.

[2] Meyen, in *Archiv. für Anatomie, Physiologie, v. J. Müller*, 1839, pag. 255, traduit sous le titre : Matériaux pour servir à l'histoire du développement des diverses parties dans les plantes. (*Ann. des Sc. nat., Bot.*, sér. 2, vol. 12, 1839, pag. 257.)

à la surface de ces corps, il constata qu'elles étaient constituées par du carbonate de chaux. Meyen a observé ces formations dans un certain nombre d'autres Ficus, notamment *F. pisiformis* Wall., *F. clusiæfolia* Schott, *F. Benghalensis* L., etc.

Payen [1] revint plus tard sur cette étude, et démontra que, après avoir détruit par un acide dilué le carbonate de chaux qui incruste ces formations, on peut, au moyen de l'iode et de l'acide sulfurique, leur faire prendre une coloration bleue qui ne laisse aucun doute sur leur constitution chimique et permet d'affirmer que le carbonate de chaux est supporté, dans ces corps, par une masse cellulosique. S'appuyant sur ce fait et sur l'aspect spécial que prennent les corpuscules après ce traitement, il considérait ces derniers comme constitués par un agrégat de cellules dans lesquelles est sécrété le carbonate de chaux. Le pédicule qui relie ces formations à la paroi cellulaire présentant les mêmes réactions était aussi, pour lui, formé de cellulose pure. Il démontra en outre la présence, dans le corps cellulosique, d'un délicat réseau siliceux. Les observations de Payen portaient sur quelques Ficus, mais il les avait étendues, en outre, à un certain nombre d'autres types du groupe des Urticinées, et avait constaté la présence de ces masses cellulosiques incrustées de calcaire chez plusieurs Urtica, Forskohlea, Parietaria, Morus, Broussonetia, Celtis, Humulus, Cannabis, Conocephalus. Il constatait au contraire leur absence chez *Dorstenia Contrayerva* L. et *D. arifolia* Lam., les Planera, les Platanus et les Ulmus.

Schleiden [2] continue cependant à considérer les corpuscules des Urticées comme des masses gélatineuses garnies de carbonate de chaux. Il rapproche ces formations des poils calcaires que portent les Borraginées, et se demande si l'on ne pourrait pas établir une analogie complète entre ces deux formations et regarder les

---

[1] Payen ; Mémoires sur le développement des végétaux, 5e Mémoire : Concrétions et inscrustations minérales. (*Mémoires présentés par divers Savants étrangers à l'Académie*, tom. IX, 1846, pag. 77.)

[2] Schleiden; *M. J. Grundzüge der Botanik*, 2 Aufl., I Band., pag. 329 ; II Band., pag. 149.

masses calcaires des Urticées, comme provenant de *poils urticants* atrophiés, dans lesquels la base seule se serait développée, tandis que la sécrétion se calcifiait. Cette idée a été combattue par Schacht et par Weddel, et tous les auteurs suivants l'ont passée sous silence, jusqu'à K. Richter, qui y revient[1], pour démontrer que, si l'on peut assimiler aux cystolithes les formations trichomatiques de Broussonetia et de *Ficus carica* L., il n'en est pas de même pour les poils des Borraginées, qui diffèrent en plusieurs points de ces productions. Nous aurons à revenir plus loin sur cette discussion, et à examiner les conclusions de K. Richter, qui n'indique pas sur l'examen de quelles Borraginées il se fonde pour les appuyer, et qui paraît d'ailleurs n'avoir donné à cette recherche qu'un intérêt très secondaire.

En 1854, la présence de formations analogues à celles des Urticées était signalée par Gottsche et Schacht[2] chez un certain nombre d'Acanthacées. L'étude faite par Schacht[3] de la constitution de ces corps fixe un grand nombre de points qui jusqu'alors étaient demeurés indécis, et établit nettement leur structure intime. C'est cet auteur en effet qui démontra que ces corps sont formés de strates concentriques de cellulose, entre lesquelles se dépose le carbonate de chaux. Il fait voir en outre que ces strates concentriques sont traversées par des bandes radiales, mais sans se prononcer sur la nature de cette disposition. Il étudie l'évolution de ces productions chez *Ficus elastica* et indique comment elles naissent d'un épaississement de la paroi externe d'une cellule épidermique, sous forme d'une tige mince de cellulose qui se renfle plus tard à son extrémité et constitue le

---

[1] K. Richter; Beiträge zur genaueren Kenntniss der Cystolithen und einiger verwandten Bildungen im Pflanzenreiche. (*Sitzb. des k. Akad. der Wissensch.*, LXXVI Band., 1877, pag. 27 et seq.)

[2] H. Schacht; Ueber die gestielten Traubenkörper im Blatte vieler Urticeen und ueber ihnen nah verwandte Bildungen bei einigen Acanthaceen. (*Abhandlungen herausgeg. v. d. Senckenbergischen naturforsch. Gesellschaft*, vol. I, liv. 1, 1854, pag. 133-153.)

[3] H. Schacht, *loc. cit.*, et in *Lehrb.*, 1, pag. 84.

corps de la formation. Il étudie enfin leur action sur la lumière polarisée et montre qu'elles font renaître l'image éteinte par les nicols croisés. Pour Schacht, il y avait identité complète entre les formations des Urticées et celles des Acanthacées, qui ne lui paraissaient différer les unes des autres que par la forme et la position, celles des Acanthacées se rencontrant dans tous les tissus et celles des Urticées étant limitées à l'épiderme. A ce point de vue, il rapprochait desAcanthacées certaines Urticées, telles que les Pilea.

Weddel, qui avait déjà donné aux formations qui nous occupent le nom de cystolithes (κύστις, λίθος), les étudie de plus près en 1854 [1], en confirmant les résultats obtenus par Schacht et en insistant sur l'importance de ces corps pour les distinctions spécifiques. Il démontra plus tard, dans ses publications sur la famille des Urticées [2], la vérité de cette assertion et décrivit la forme des cystolithes dans toutes les espèces de cette famille qu'il avait étudiées. Enfin il compare ces concrétions, tant au point de vue de leur structure que de leur rôle physiologique présumé, aux calculs vésicaux des animaux.

A part quelques données éparses dans des ouvrages généraux, et qui seront citées plus loin lorsque le sujet le demandera, les seuls travaux qui aient suivi ceux de Weddel sont ceux de Kny et de K. Richter.

Kny [3] a surtout étudié de plus près l'action de la lumière polarisée sur les cystolithes et a démontré que, contrairement à ce qu'avait soutenu Sachs [4], ces corps non seulement déterminent, comme l'avait vu Schacht, une augmentation de lumière

---

1 Weddel ; Sur les Cystolithes, ou concrétions calcaires des Urticées et d'autres plantes. (*Bull. de la Soc. bot. de France*, tom. I, 1854, pag. 317. — *Ann. des Sc. nat., Bot.*, sér. 4, vol. II, 1854, pag. 267.)

2 Weddel ; Revue de la famille des Urticées. (*Ann. des Sc. nat., Bot.*, sér. 4, vol. I, 1854, pag. 173). — Monographie de la famille des Urticées. (*Arch. du Mus.*, vol. IX, 1856-57, liv. 1-4.)

3 Kny ; *Text zu den Wandtafeln von Nathusius*, sér. III, Taf. XI.

4 Sachs ; *Lehrbuch der Botanik*, 4e édit., pag. 69 et 70.

dans le champ de vision, mais provoquent même l'apparition d'une croix de polarisation très nette. Il constate encore ce fait, et même avec une plus grande netteté, après que les cystolithes ont été dépouillés, par un acide, de leur carbonate de chaux. Au point de vue de la constitution intime du corps des cystolithes, Kny a émis une théorie tendant à expliquer, par l'existence de *fibres de tissu cellulaire*, la présence des stries radiales qui accompagnent les strates concentriques.

K. Richter [1] enfin, reprenant à tous les points de vue l'étude des cystolithes des Urticées et des Acanthacées, établit un certain nombre de faits jusque-là demeurés douteux. Je me contenterai d'énumérer ici ces résultats, me réservant de développer dans le cours de ce travail les parties qui devront être discutées ou confirmées.

Voici les points établis par Richter :

« Les cystolithes doivent se diviser en deux groupes : ceux de la plupart des Urticées, qui, arrondis, globuleux ou pyriformes, sont uniquement contenus dans les cellules épidermiques, et ceux des Acanthacées et de quelques Urticées (Pilea, Elatostemma, Myriocarpa, etc.), qui, fusiformes ou claviformes, se présentent dans tous les tissus, le bois excepté.

» Dans les cystolithes des Urticées, on voit toujours distinctement une tige qui les rattache à la paroi de la cellule ; la base organique est formée de cellulose probablement unie à une certaine quantité de substance gommeuse et contient un délicat réseau siliceux ; cette masse se montre marquée de stries concentriques, traversées par des stries radiales, qui correspondent à des différences d'hydratation des molécules cellulosiques.

» Les cystolithes des Acanthacées sont munis d'une tige beaucoup plus délicate, rarement perceptible, et qui, selon toute probabilité, se résorbe dans un grand nombre de cas. Leur masse organique est formée de cellulose pure, sans traces d'une substance gommeuse, ni de silice. Sur une coupe transversale, elle

---

[1] K. Richter; *loc. cit.*

montre des stries concentriques correspondant à celles des cystolithes des Urticées, et des stries radiales, qui représentent
ici des solutions de continuité dans la masse cellulosique, solutions de continuité remplies par le dépôt calcaire.

» Ces derniers cystolithes, comme ceux des Urticées, sont
biréfringents et donnent une croix de polarisation distincte. Dans
l'un comme dans l'autre cas, ces phénomènes persistent après la
suppression du carbonate de chaux, de sorte qu'ils paraissent dus
à la structure moléculaire de la masse cellulosique, et qu'on ne
peut s'y appuyer pour affirmer l'état cristallin du carbonate de
chaux.

» Les cystolithes de *Ficus elastica* se développent exactement
comme l'a décrit Schacht ; ceux des Acanthacées apparaissent
beaucoup plus tôt, se développent plus rapidement et naissent
comme de très délicates proéminences de la membrane cellulosique à l'intérieur de la cavité cellulaire.

» La présence des cystolithes est restreinte au groupe des Urticinées et à la famille des Acanthacées. Une seule Scrophularinée, *Sanchezia glaucophylla* Hort., présente des formations analogues; encore cette espèce est-elle douteuse et pourrait-elle être
rattachée aux Acanthacées. »

En dehors de ces deux groupes de végétaux, la présence des
cystolithes a cependant été signalée par Weddel [1] chez certaines
Nyctaginées et Euphorbiacées. M. O. Penzig [2] a enfin signalé
chez *Momordica charantia* L. et *M. echinata* W., des formations
spéciales qu'il assimile entièrement aux cystolithes, bien
qu'elles en diffèrent par un certain nombre de points.

Depuis plusieurs années déjà, les recherches inédites de M. le
professeur Heckel avaient établi que plusieurs points de l'histoire
de ces formations demandaient à être revus de plus près, et
que, surtout en ce qui concerne leur développement, les obser-

---

[1] Weddel ; article *Cystolithus*. (*Dictionnaire de Botanique* de H. Baillon.)
[2] Dr O. Penzig ; Sulla presenza di cistoliti in alcune Cucurbitacee. Padoue,
novembre 1881. (*Atti del R. Instituto veneto di Scienze, Lettere ed Arti*, vol. VIII,
sér. V.)

vations anciennes, portant toutes sur une seule espèce, *Ficus elastica* Roxb., n'avaient fait connaître qu'un cas particulier s'éloignant considérablement de la règle et tout à fait impropre à éclairer la signification morphologique des cystolithes. C'est sur ses conseils et sous sa direction que j'ai repris et continué ces recherches, dont je viens aujourd'hui donner les résultats. Aussi est-ce pour moi un devoir et un plaisir de témoigner à M. le professeur Heckel, au début de ce travail, ma plus vive reconnaissance pour la bienveillance avec laquelle il m'a toujours offert son aide et ses précieux conseils.

Comme on peut le voir par l'exposé historique qui précède, la présence des cystolithes a été signalée surtout dans les deux groupes des Urticinées et des Acanthacées.

D'après Weddel, il n'existe aucune plante de la famille des Urticées, la seule d'ailleurs sur laquelle portent ses travaux spéciaux, qui soit dépourvue de ces formations. On peut dire du reste que, à part quelques rares exceptions, les cystolithes se retrouvent dans les représentants de toutes les autres familles de l'ordre des Urticinées, si l'on prend ce groupe tel que l'a établi Brongniart [1], c'est-à-dire en y comprenant les Urticées, les Cannabinées, les Morées, les Artocarpées, et les Celtidées [2].

Les seuls représentants de ces familles qui ne renferment pas de cystolithes sont les Dorstenia [3]. Payen, et après lui K. Richter[4],

---

[1] La classe des Urticinées de J. Sachs, outre les Urticacées (Urticées, Morées et Artocarpées), les Cannabinées et les Ulmacées (Ulmacées et Celtidées), renferme encore la famille des Platanées. L'absence complète, dans les espèces qui composent cette dernière, de formations comparables aux cystolithes, vient ajouter un argument à ceux qui ont déterminé M. Fugairon, dans son étude anatomique des Urticinées, à écarter du groupe cette famille et à n'y conserver que celles admises par Brongniart. (S. Fugairon; *Recherches anatomiques sur le groupe des Urticinées.* Toulouse, 1879.)

[2] Les Celtidées de Brongniart comprennent les Celtidées et les Ulmacées.

[3] Payen, *loc. cit.*, pag. 81, signale le fait chez *Dorstenia contrayerva* L. et *D. arifolia* Lam.

[4] Payen, *loc. cit.*, pag. 81. — K. Richter, *loc. cit.*, pag. 24.

signalent aussi leur absence dans le genre Ulmus ; mais nous verrons plus loin que, si les cystolithes proprement dits manquent en effet chez ce genre, il est, par contre, pourvu de formations qu'on doit ranger dans la même catégorie.

Chez les Acanthacées, au contraire, les exceptions sont plus nombreuses ; les plantes de cette famille que les auteurs signalent comme entièrement dépourvues de cystolithes sont *Justicia purpurascens* Ham [1]., Acanthus mollis L., et en général tous les Acanthus [2], *Geissomeria longiflora* R. Br. [3]. Je dois ajouter à cette liste *Hexacentris coccinea* Nees, dont tous les exemplaires mis à ma disposition ne renfermaient aucune formation de ce genre [4].

D'autre part, K. Richter signale la présence d'une quantité considérable de ces corpuscules chez une Scrophularinée, *Sanchezia glaucophylla* Hort., espèce que cependant Endlicher indique comme *dubii ordinis* entre les Scrophularinées et les Acanthacées, et que l'on pourrait peut-être rattacher à ces dernières.

A part ce cas isolé, les seules familles étrangères aux Acanthacées et aux Urticinées dans lesquelles on ait, jusqu'à présent, signalé la présence des cystolithes, sont les Nyctaginées, les Euphorbiacées et les Cucurbitacées.

---

[1] H. Schacht ; *loc. cit.*

[2] Weddel ; *loc. cit.*

[3] K. Richter ; *loc. cit.*

[4] Schacht ; *loc. cit.*, pag. 149, pense que cette absence des cystolithes dans les tissus de certaines Acanthacées est liée à la présence, dans ces mêmes tissus, d'une certaine quantité d'amidon ; cette substance est, en effet, abondante chez *Justicia purpurascens* Ham., tandis qu'elle est très rare ou absente chez les Acanthacées à cystolithes. K. Richter, *loc. cit.* pag. 25, croit cependant devoir combattre cette hypothèse en faisant remarquer que l'amidon se rencontre en quantité considérable chez *Goldfussia glomerata* Nees., qui contient cependant de nombreux cystolithes. Cette objection est juste, non seulement pour cette espèce, mais pour plusieurs autres ; mais il est un fait qui mérite d'être signalé, c'est que les réserves alimentaires de la graine sont constituées uniquement par des grains d'aleurone, chez la plupart des Acanthacées, et que les seules exceptions que j'ai trouvées à cette règle sont formées par des espèces dépourvues de cystolithes (*Acanthus mollis* L., *A. Lusitanicus* H. Jew., *Hexacentris coccinea* Nees.). Je n'ai pu observer les graines de *Justicia purpurascens* H. et de *Geissomeria longiflora* R. Br.

Weddel [1], à propos des deux premières, s'exprime de la manière suivante : « L'existence des cystolithes, constatée tout d'abord dans les Figuiers, l'a été ensuite dans plusieurs autres familles de plantes. C'est ainsi que MM. Gottsche et Schacht les ont trouvés dans un grand nombre d'Acanthacées, *et l'auteur de cet article dans certains genres d'Euphorbiacées et de Nyctaginées* : .... dans un très grand nombre d'Urticées, dans les Acanthacées, les *Jatropha*, etc., elles (ces concrétions) affectent une forme plus ou moins linéaire, etc. »

On le voit, Weddel se contente de signaler le fait en passant, et ce n'est que d'une façon tout à fait incidente qu'il donne le nom de l'un des genres (Jatropha) chez lesquels il a trouvé des cystolithes, ce qui rend assez difficile le contrôle de son assertion.

Le nombre restreint de types de ces deux familles que j'ai pu observer ne me permet pas de trancher cette question, mais je dois dire que, de toutes les espèces examinées par moi, aucune ne m'a offert de formations comparables aux cystolithes [2].

Quant à la famille des Cucurbitacées, deux espèces lui appartenant ont été signalées par M. O. Penzig [3] comme renfermant des cystolithes. La description très détaillée que l'auteur donne

---

[1] Weddel, art. *Cystolithes* du *Dictionnaire botanique de Baillon*.

[2] Parmi ces espèces, il faut signaler surtout : *Acalypha indica* L., *Jatropha Carthaginensis* Jac., *Rattlera tinctoria* Roxb., plusieurs espèces de Ricinus, Mercurialis, Croton, Buxus, etc., et *Pisonia aculeata* L. Il est regrettable que cette liste ne contienne qu'une espèce de chacun des genres Jatropha, Acalypha et Pisonia : le premier est signalé par Weddel lui-même dans son article. M. H. Baillon a bien voulu m'indiquer les deux autres comme étant de ceux où il croyait que M. Weddel avait pu rencontrer les formations cystolithiques.

Il est à noter que le limbe des feuilles, dans un certain nombre de ces plantes, présente des masses cristallines souvent assez grosses pour occuper toute l'épaisseur du limbe, et que l'on pourrait, au premier aspect, prendre pour des formations cystolithiques. Mais un examen plus attentif démontre que l'on a affaire à des mâcles d'oxalate de chaux, et il est facile de démontrer le fait en les traitant par un acide minéral, qui les dissout sans effervescence, ou par l'acide acétique, qui les laisse intactes.

[3] *Loc. cit.*

de ces corps chez *Momordica charantia* L. et *M. echinata* W. concorde entièrement avec ce que mes propres observations m'ont montré dans les mêmes espèces. Toutefois la comparaison de ces formations avec ce que nous offrent d'autres types m'engage à les considérer, non comme de véritables cystolithes, mais comme des concrétions de nature un peu différente, qu'il faudrait rattacher à celles que nous offrent certains Borraginées.

Cette dernière famille comprend un certain nombre de types manifestement pourvus de vrais cystolithes (*Tournefortia heliotropioïdes* Hook., *Tiaridium indicum* L., *Heliotropium Europeum* L.), et, à côté, des espèces portant des formations calcaires qui, sans revêtir exactement l'état de cystolithes, s'en rapprochent cependant beaucoup et servent d'intermédiaire entre ces corpuscules et les autres formes que peut revêtir le dépôt de carbonate de chaux dans l'intérieur des tissus végétaux.

Les indications qui précèdent suffisent pour justifier le plan suivi dans ce travail. Je dois m'occuper en premier lieu des cystolithes dans les types végétaux où ils ont été d'abord signalés, c'est-à-dire chez les Urticinées et les Acanthacées. Dans un premier chapitre, j'étudierai les tissus qui les renferment, leur forme extérieure, leur constitution intime, leur composition chimique, leur action sur la lumière polarisée. Un deuxième chapitre sera consacré à l'étude de leur développement dans les divers types; cette étude me permettra de fixer la signification morphologique des cystolithes et de les rattacher aux formations analogues des Borraginées et à toutes celles qui se présentent dans d'autres familles végétales. L'examen de ces dernières formations chez les Borraginées, les Crucifères, les Composées, les Verbénacées, les Cucurbitacées, etc., fera l'objet du troisième chapitre. Enfin, dans un quatrième, je résumerai les faits énumérés jusque-là, en donnant les conclusions de la première partie de ce travail.

Dans une seconde partie, j'étudierai les conditions de développement des formations calcaires, l'action qu'exercent sur elles les agents extérieurs, et je m'efforcerai d'apporter quelques faits pouvant servir à la connaissance de leur rôle physiologique.

Ce plan peut se résumer ainsi :

INTRODUCTION.

PREMIÈRE PARTIE. — ÉTUDE MORPHOLOGIQUE

    CHAPITRE PREMIER. — *Étude des Cystolithes chez les Urticinées et les Acanthacées.*

        § 1. — Tissus qui renferment les cystolithes et aspect extérieur de ces corps.

        § 2. — Constitution intime des cystolithes.

        § 3. — Constitution chimique.

        § 4. — Action de la lumière polarisée.

    CHAPITRE DEUXIÈME. — *Développement des Cystolithes.*

        § 1. — Chez les Acanthacées.

        § 2. — Chez les Urticées.

        § 3. — Chez les Morées, les Artocarpées, les Cannabinées, les Ulmacées et les Celtidées.

    CHAPITRE TROISIÈME. — *Cystolithes et autres dépôts de carbonate de chaux dans les familles autres que les Acanthacées et les Urticinées.*

        § 1. — Borraginées.

        § 2. — Crucifères.

        § 3. — Composées.

        § 4. — Verbénacées.

        § 5. — Cucurbitacées.

    CHAPITRE QUATRIÈME. — *Résumé et Conclusions de la première partie.*

DEUXIÈME PARTIE. — ÉTUDE PHYSIOLOGIQUE.

    CHAPITRE PREMIER. — *Conditions de développement.*

        § 1. — Détail des Expériences.

        § 2. — Résumé.

    CHAPITRE DEUXIÈME. — *Résorption des Cystolithes.*

        § 1. — Détail des Expériences.

        § 2. — Résumé.

    CHAPITRE TROISIÈME. — *Résumé et Conclusions de la deuxième partie.*

PREMIÈRE PARTIE

ÉTUDE MORPHOLOGIQUE.

CHAPITRE PREMIER.

ÉTUDE DES CYSTOLITHES CHEZ LES URTICINÉES ET LES ACANTHACÉES.

§ 1. *Tissus qui renferment les cystolithes et aspect extérieur de ces corps.*

Une différence considérable se manifeste au premier abord entre les cystolithes des Urticinées et ceux des Acanthacées (auxquels il faut joindre les cystolithes de quelques Urticées, telles que Pilea, Procris, Elatostemma, Myriocarpa)[1]. En effet, tandis que les premiers (ceux de la plupart des Urticinées) se recontrent exclusivement dans les cellules épidermiques, les seconds sont répartis dans tous les tissus internes (la portion ligneuse des faisceaux fibro-vasculaires exceptée) et jusque dans la moelle.

La première conséquence de ce fait est que, chez les Urticinées, les cystolithes, relativement très nombreux dans les feuilles, deviennent beaucoup plus rares dans la tige, et sont complètement absents de cet organe dès qu'il arrive à un âge assez avancé pour que la formation du liège ait amené la disparition de l'épiderme. Jamais ces corps ne se trouvent dans la racine, où l'épiderme proprement dit n'existe pas, ou disparaît du moins de fort bonne heure[2]. Une exception apparente à cette

---

[1] Dans tout le cours de ce travail, en insistant sur les différences qui séparent les cystolithes globuleux des Urticinées et les cystolithes linéaires des Acanthacées, il doit être bien entendu que ces formations, dans la tribu des Procridées et encore chez quelques autres Urticées (Myriocarpa, *Urtica macrophylla*, *U. Sinensis*), se rattachent, par leurs caractères, aux cystolithes des Acanthacées, et s'éloignent, au contraire, de la forme ordinaire chez les Urticinées.

[2] J'ai d'ailleurs pu m'assurer que, dans le premier développement de la ra-

règle de position de cystolithes nous est fournie par le plus grand nombre des Figuiers à feuilles lisses, chez lesquels l'épiderme foliaire est formé de plusieurs couches : une couche extérieure de petites cellules à parois externes épaissies et cuticularisées, et deux ou trois couches de grandes cellules polyédriques, qui constituent les « couches de renforcement de l'épiderme ». Dans ce cas, c'est souvent à l'une des couches de renforcement, et non à l'épiderme proprement dit, qu'appartient la cellule cystolithique (*Ficus elastica* Roxb., Pl. IV, fig. 1 et 2 ; *F. macrophylla* Desf., Pl. IV, fig. 6 ; *F. rubiginosa* Desf., Pl. IV, fig. 8 et 9). Il ne faut cependant voir dans cette particularité que le résultat du développement un peu spécial de l'épiderme dans ces végétaux ; on peut voir, en comparant les fig. 3 à 6 de la Pl. IV, qui représentent les divers états du développement d'un cystolithe de *Ficus macrophylla* Desf., que l'épiderme est primitivement simple et formé d'une seule assise de cellules étroites et très allongées perpendiculairement au plan de la feuille ; les éléments dans lesquels apparaissent, à ce moment, les premiers rudiments des cystolithes (voir fig. 3) appartiennent donc à l'épiderme vrai. Ces éléments restent indivis, et gagnent en largeur, tandis que les autres cellules épidermiques se divisent par des cloisons tangentielles et constituent les couches de renforcement ; puis, la poussée latérale exercée par ces cellules de nouvelle formation sur les éléments cystolithiques tend à séparer ces derniers du bord extérieur de la feuille, à les refouler vers l'intérieur, et une couche de cellules venant des assises latérales peut s'insinuer au-dessus de la cellule cystolithique et lui donner l'apparence d'une cellule appartenant à la première couche de renforcement, ou à la seconde si le même phénomène s'est reproduit plus tard. Il nous faudra d'ailleurs revenir avec plus de détails sur ce point, en étudiant le développement des formations cystolithiques.

---

dicule chez les Urticées, il n'apparaît jamais de rudiments cystolithiques, même dans l'assise qui correspond à l'épiderme vrai.

Chez les Acanthacées et les Procridées, au contraire, les tissus cystolithogères existant dans toutes les parties du végétal, les corpuscules calcaires se rencontrent en aussi grande, quelquefois même en plus grande abondance dans la tige que dans le système appendiculaire. La racine même est loin d'en être dépourvue. La quantité de ces corps varie d'ailleurs dans de grandes proportions suivant l'espèce que l'on considère, et, tandis que, en général, les Goldfussia et les Ruellia en sont abondamment pourvus, d'autres types n'en contiennent que fort peu ou même pas du tout [1].

Une grande variété existe encore quant aux tissus qui servent de siège à ces formations ; s'il est vrai que tous les tissus (la partie ligneuse des faisceaux exceptée) peuvent contenir des cystolithes, il arrive souvent que, dans une espèce, ceux-ci sont limités à certaines régions spéciales. C'est ainsi que l'épiderme, qui en contient généralement fort peu, peut en être entièrement dépourvu (*Justicia sanguinea* Willd., *Fittonia Verschaffetii* Hort., *F. argyroneura* Hort.). La moelle également est entièrement dépourvue de ces formations chez *Goldfussia anisophylla* Nees, *G. isophylla* Nees, tandis qu'on les rencontre très fréquemment dans ces tissus chez *G. glomerata* Nees.

D'une manière générale, on peut dire que les tissus où les cystolithes sont le plus uniformément répandus, chez les Acanthacées, sont : le parenchyme cortical, le parenchyme libérien, et surtout le collenchyme. Ce dernier tissu en contient toujours une grande quantité, surtout sur ses limites. Les fig. 7 à 9 (Pl. I), peuvent donner une idée exacte de cette répartition ; les deux premières (7 et 8), représentant la zone collenchymateuse et le faisceau fibro-vasculaire d'une nervure de feuille de *Ruellia varians* Heyn., et la troisième, montrant la partie externe d'une coupe de tige de la même espèce, laissent voir les cystolithes ré-

---

[1] Les variations peuvent même être fort grandes dans les limites d'un même genre : tandis que *Justicia purpurascens* Ham. ne contient pas de cystolithes, d'après Schacht, d'autres *Justicia* (*J. carnea* Lindl., par exemple) en sont assez abondamment pourvus.

pandus dans les tissus énumérés ci-dessus, et surtout dans le collenchyme.

Ajoutons que tous les organes peuvent n'être pas pourvus de cystolithes : chez les Acanthacées, outre les tiges et les feuilles, d'autres portions du système appendiculaire contiennent généralement ces formations : le calice, par exemple, et même l'ovaire. (La fig. 3, Pl. II, montre deux cystolithes dans les parois de l'ovaire de *Goldfussia anisophylla* Nees.) Mais, d'autre part, la corolle et les étamines en sont toujours dépourvues. Je n'ai jamais pu, dans ces organes, trouver même un rudiment cystolithique, et il semblerait qu'il y ait une relation entre l'absence de ces corps et la coloration particulière des organes en question [1].

Chez les Urticinées, la fleur et le fruit sont très rarement pourvus de formations cystolithiques : dans la famille des Urticées, ces formations n'existent pas dans les organes floraux, au moins pour les types que j'ai observés. Dans les familles voisines, le fruit peut quelquefois en porter à sa surface : c'est ainsi que j'ai pu observer des poils cystolithiques bien conformés sur l'enveloppe externe des drupéoles des Morus. Chez *Ficus Carica* L., l'épiderme du réceptacle porte de nombreuses formations cystolithiques, à contenu calcaire peu abondant (voir fig. 19 à 22, Pl. IV), mais les fleurs et les fruits en sont entièrement privés.

Il est bon d'insister sur ce fait que lorsque, chez les Urticinées, les organes floraux ou ceux rapprochés de la fleur, comme le réceptacle, portent des formations cystolithiques, ces dernières se présentent toujours sous une forme qui correspond à l'un des premiers états du développement, et jamais on n'observe sur ces points de cystolithes aussi développés que ceux des feuilles

---

[1] On pourrait admettre aussi une relation entre l'absence des cystolithes et l'acidité des sucs dans les organes colorés. Cependant l'acidité bien manifeste des sucs des Urticées n'entrave en rien le dépôt des cystolithes, qui semblent complètement isolés dans leurs cellules spéciales.

adultes [1]. Je reviendrai sur ce point en faisant l'histoire du développement de ces formations, et je montrerai comment les poils
calcaires des fruits de Morus ou du réceptacle de Ficus peuvent
être considérés comme des cystolithes jeunes, qui sont destinés à
ne jamais atteindre leur développement complet.

La forme extérieure et l'aspect des cystolithes ont été décrits
bien des fois, et tous les auteurs leur attribuent la même constitution morphologique. En ce qui concerne surtout les cystolithes
des Urticées, Weddel [2] a énuméré toutes les formes qu'ils peuvent
revêtir et a montré comment, dans bien des cas, les dispositions
spéciales de ces corpuscules peuvent fournir des caractères précieux pour la taxonomie.

Dans la plupart des Urticées, ces corps revêtent la forme de
grappe et peuvent être alors complètement sphériques (*Urtica
dioica* L., Pl. III, fig. 1 et 2; *Bœhmeria nivea* Hook., Pl. III,
fig. 12; *Parietaria diffusa* M. K., Pl. III, fig. 13 et 14), ou allon-

---

[1] Un phénomène analogue peut se constater dans toutes les autres familles
végétales où l'on rencontre des poils calcaires ou d'autres formes de localisation
du carbonate de chaux. C'est ainsi, par exemple, que, pour les Borraginées, les
diverses espèces de Cerinthe, Echium, Symphytum, Lithospermum, Myosotis, etc.,
dont j'ai examiné les fleurs, m'ont montré, sur les sépales, des formations toujours
relativement simples et entièrement semblables à celles que l'on trouve sur les
feuilles jeunes; ces formations demeurent toujours à cet état de simplicité, à quelque époque que l'on examine la fleur.

Il convient d'ajouter que, pour ces Borraginées comme pour les Acanthacées,
la présence des dépôts calcaires est limitée aux organes verts, et qu'on n'en trouve
aucune trace sur les parties telles que la corolle ou les étamines, dont la coloration est différente. Cette observation s'applique encore aux Cucurbitacées : chez
Momordica charantia L. et *echinata* W., par exemple, les concrétions calcaires,
non seulement manquent à la corolle, mais même, comme le fait remarquer M. O.
Penzig (*Sulla presenza di cistoliti in alcune Cucurbitacee.* Padoue, 1881, pag. 2),
dans les bractées ou partie incolores qui accompagnent la fleur mâle, « on les
»rencontre seulement dans les parties vertes ; elles manquent absolument sur les
»points dépourvus de chlorophylle ». L'explication de ce fait nous sera fournie
dans la seconde partie de ce travail ; les diverses expériences qui y sont relatées
tendent en effet à démontrer qu'il y a une relation étroite entre la formation des
cystolithes et l'accomplissement de la fonction chlorophyllienne.

[2] *Loc. cit.*

gés et pyriformes (*Urtica biloba* Hort., Pl. III, fig. 7; *Ficus elastica* Roxb., Pl. IV, fig. 1, etc.); cette forme est cependant loin d'être toujours très régulière, et on peut souvent rencontrer de ces corps qui, par suite du plus grand développement d'une de leurs faces, présentent un aspect plus ou moins spécial ; une déformation de ce genre, subie par un cystolithe de *Ficus elastica* Roxb., a été représentée fig. 2 (Pl. IV).

L'examen microscopique montre que toute la surface de ces formations est hérissée de protubérances coniques dans lesquelles s'est plus spécialement déposé le carbonate de chaux, et qui leur donnent un aspect framboisé tout à fait caractéristique. Elles sont enfin reliées à la paroi de la cellule qui les contient, par un pédicule étroit, dépourvu de carbonate de chaux, et sur les rapports duquel nous aurons à revenir plus loin.

Si l'on fait agir sur un de ces corps un acide quelconque, on constate immédiatement une effervescence considérable et on obtient, après l'entière disparition du carbonate de chaux, une masse arrondie qui représente la base organique du cystolithe. Les protubérances ont entièrement disparu et la masse qui reste est entièrement globuleuse, stratifiée et sans aucune inégalité. Il n'est cependant pas possible de se baser sur ce fait pour conclure que les protubérances qui donnent au cystolithe son aspect framboisé sont exclusivement constituées par la matière calcaire : en effet, comme le fait remarquer K. Richter [1], on ne peut en aucun cas, avec des mesures micrométriques rigoureuses, constater une diminution dans le diamètre de la masse cystolithique après qu'on l'a traitée par un acide. J'ai même pu, dans quelques occasions, observer une légère augmentation de ce diamètre. L'action des acides, en même temps qu'elle provoque la décomposition du carbonate de chaux, détermine donc, dans le support cellulosique, un gonflement appréciable, auquel il faut attribuer la disparition des inégalités de la surface.

J'ai d'ailleurs pu m'assurer directement que, lorsqu'elle n'a

---

[1] *Beiträge zur genaueren Kenntniss der Cyst.*, etc., pag. 6.

subi aucune action déformatrice, la masse organique qui sert de support au carbonate de chaux reproduit exactement la forme du cystolithe intact et présente à sa surface les mêmes accidents. Lorsque, en effet, le carbonate de chaux est attaqué par un acide assez faible pour le dissoudre lentement sans exercer aucune action sur son support organique, par l'acide carbonique par exemple[1], on constate que, après l'entière disparition de la matière calcaire, la masse cellulosique conserve assez exactement l'aspect et la forme du corps primitif, avec les mêmes accidents de surface. La fig. 21 (Pl. III) représente le support organique d'une cystolithe ainsi traité.

Les cystolithes épidermiques de quelques orties (*Urtica Sinensis* Bl. et *macrophylla* Thumb.), et ceux que l'on rencontre dans les divers tissus des Urticées du groupe des Procridées (Pilea, Procris, Lecanthus, Elatostemma) et des Myriocarpa ont un aspect extérieur tout différent et complètement analogue à celui de ces formations chez les Acanthacées.

Dans toutes ces dernières plantes, les cystolithes sont généralement très allongés, fusiformes ou claviformes ; leur aspect peut d'ailleurs varier suivant la nature du tissu dans lequel on les observe, et l'on peut dire d'une manière générale que leur développement se ressent de la manière dont s'est effectué le développement de la cellule qui les contient. L'irrégularité de leur forme s'accentue surtout dans la moelle, et c'est dans ce tissu que se rencontrent les formations en spirale, étirées dans tous les sens ou terminées en plusieurs pointes comme une « corne de cerf », que K. Richter signale et figure chez quelques Acanthacées[2].

Dans le liber et l'écorce, comme sous l'épiderme des feuilles, la disposition des cystolithes est un peu plus régulière ; c'est

---

[1] J'indiquerai, dans la seconde partie de ce travail, comment, sous certaines influences, celle de l'obscurité par exemple, le carbonate de chaux des cystolithes des Urticées peut être attaqué lentement, probablement par l'acide carbonique de l'air, et disparaître totalement au bout d'un certain temps.

[2] *Beiträge*, etc., pag. 3, fig. 1, 2, 3 et 4.

dans ces tissus que l'on rencontre les corpuscules fusiformes et très allongés qui paraissent être la forme typique de ces corps chez les Acanthacées. Le plus souvent, le plus grand diamètre de ces cystolithes est dirigé dans le sens de l'accroissement de l'organe, de sorte que ceux des feuilles, par exemple, sont disposés parallèlement à la surface épidermique (fig. 1 et 5, Pl. I ; 2, 11, 12, Pl. II). Cette loi n'est cependant pas toujours observée, et dans quelques cas ces cystolithes allongés sont disposés perpendiculairement à la surface de la feuille ; cette disposition est nettement indiquée par la fig. 3 (Pl. I), qui représente deux cystolithes d'une feuille d'*Adathoda vasica* N., placés au milieu des cellules en palissade et dirigés dans le même sens que ces cellules ; tous les cystolithes de la face supérieure des feuilles de cette Acanthacée occupent une situation semblable et ne sont visibles que comme de simples ponctuations, lorsqu'on regarde la feuille par sa face supérieure (fig. 2, Pl. I).

On trouve encore dans ces tissus plusieurs modifications de la forme primitive : tels sont les cystolithes allongés, mais émoussés aux deux bouts, ou ceux disposés deux à deux dans des cellules placées bout à bout, et dont les deux extrémités qui se regardent sont émoussées, tandis que les autres demeurent appointies (*Barleria Prionitis* L., fig. 13, Pl. II).

Tous ces corpuscules, à quelque forme qu'ils appartiennent, sont hérissés de protubérances coniques analogues à celles des cystolithes des Urticées, et généralement répandues sur toute la masse, sans ordre apparent ; quelquefois cependant ces protubérances s'allongent et se disposent régulièrement à la surface du cystolithe, de manière à former une série de rangées longitudinales (*Peristrophe speciosa*, fig. 12, Pl. II).

Il est plus que probable que la constitution de ces protubérances est tout autre chez les Acanthacées que dans les cystolithes ordinaires des Urticées, et que leur masse entière est constituée par le carbonate de chaux, sans que la base organique intervienne. En effet, après avoir traité ces corps par un acide quelconque, on observe, non seulement que la masse cellulosique qui subsiste ne présente aucune inégalité, mais encore que ses dimensions sont plus faibles d'environ un dixième que celles du cystolithe primitif. Si l'on tient compte du gonflement qu'a dû subir ce support cellulosique, sous l'action de l'acide, on voit que l'on doit considérer toute la partie externe du corpuscule comme formée par un dépôt de carbonate de chaux pur. Ce dépôt atteint son maximum d'épaisseur aux extrémités, car c'est sur le grand diamètre que porte surtout la réduction des dimensions.

Il n'est cependant pas possible de constater directement si les inégalités de la surface font réellement défaut dans la base organique, ou si leur absence est uniquement due au gonflement de la cellulose. Ici, en effet, il est impossible d'employer le moyen de constatation directe qui m'a servi pour les cystolithes de *Ficus elastica* Roxb. [1] J'ai essayé d'y suppléer en déterminant la dissolution du carbonate de chaux au moyen de l'acide acétique aussi étendu que possible, de manière à obtenir une dissolution très lente, dont on pouvait bien suivre la marche, et qui risquait moins d'agir sur le support cellulosique : les préparations obtenues par ce moyen ne diffèrent pas de celles faites avec l'aide d'un acide énergique, et la surface du support organique présente exactement le même aspect. Cependant l'emploi de ce procédé sur les cystolithes de *Ficus elastica* Roxb. m'avait permis de conserver, au moins en partie, leurs inégalités.

Les cystolithes globuleux des Urticées sont toujours pourvus d'une tige relativement assez grosse et très apparente, qui les relie à la paroi de la cellule-cystolithique. Cette tige, comme l'a vu et représenté Weddel [2], pénètre assez profondément dans le corps même de la formation, et son extrémité devient le centre du dépôt de couches concentriques de cellulose qui constituera la base organique du corpuscule. L'autre extrémité de cette tige va

---

[1] Voir, à ce sujet, la seconde partie de ce travail : l'action exercée sur le carbonate de chaux des cystolithes d'Urticées, par l'acide carbonique de l'air, ne peut plus se constater lorsque l'expérience porte sur une Acanthacée.

[2] *Ann. des Sc. nat., Bot.*, sér. 4, vol. II.

s'attacher à la paroi cellulaire, et son point d'attache est déterminé assez rigoureusement : lorsque la cellule cystolithique est épidermique, la tige vient s'insérer sur la portion de la paroi qui est libre de tout contact avec les cellules voisines, c'est-à-dire sur la paroi extérieure. Cette paroi est tantôt en continuité parfaite avec celle des autres éléments épidermiques (Pl. III, fig. 7, 12, 14, etc.), tantôt au contraire elle fait une legère saillie au-dessus du niveau de l'épiderme, ou se trouve faiblement déprimée au-dessous de ce niveau (Pl. V, fig. 20, 21) ; cette paroi peut même, dans certains cas, former une éminence plus ou moins accusée, ressemblant à l'ébauche d'un poil. Des faits de ce genre ont été cités par Weddel [1] chez *Ficus montana* Burm., et par Schacht [2] chez *Ficus australis* Willd. ; j'aurai à les rappeler plus loin et à insister alors sur la signification qui peut leur être donnée.

Lorsque l'épiderme, comme chez les Ficus à feuilles lisses, subit une segmentation qui donne naissance à des couches de renforcement, la cellule cystolithique, qui primitivement était toujours épidermique, peut se trouver plus tard refoulée au-dessous des tissus de nouvelle formation, de sorte que, dans la feuille adulte, elle semble appartenir à la première ou à la seconde couche de renforcement de l'épiderme (*Ficus elastica* Roxb., Pl. IV, fig. 1, 2 ; *F. rubiginosa* Desf., Pl. IV, fig. 9 ; *F. macrophylla* Desf., Pl. IV, fig. 6). Dans ce cas, le point d'insertion du pédicule se trouve déterminé par la situation primitive de la cellule ; au moment de la formation du rudiment cystolithique, cette dernière appartenait à l'assise épidermique encore simple (Voir, Pl. IV, les fig. 3, 4, 5, 6, qui représentent les divers stades de formation d'un cystolithe de *F. macrophylla* Desf.), et le pédicule s'insérait sur sa face externe libre ; plus tard, lorsque la cellule a été refoulée au-dessous de l'épiderme, son orientation n'a pas changé, et le point d'insertion se trouve toujours à sa

---

[1] *Loc. cit.*, pag. 268, note; pl. XVIII, fig. 2.
[2] *Abhandl. der Senkenb. Gesells.*, 1, pag. 133.

partie culminante la plus rapprochée de la surface épidermique.

Meyen [1] a fait remarquer que, chez *F. elastica* Roxb., ce point d'insertion, lorsqu'on le regarde par en haut, se trouve coïncider avec un point où un certain nombre de cellules épidermiques se touchent en forme de rayon. Ce fait se reproduit chez les autres Ficus à feuilles lisses que j'ai pu observer [2] ; il n'est d'ailleurs pas rare de trouver, autour d'une cellule cystolithique, une dispo-sition spéciale des éléments épidermiques. La fig. 13 (Pl. V) représente, vu de face, un cystolithe de *Parietaria diffusa* M.K., qui montre la cellule cystolithique entourée d'une rangée de cellules épidermiques disposées en rosette, et dont les parois laté-rales, épaissies et rectilignes, se différencient complètement des autres éléments de l'épiderme, à contours plus ou moins sinueux. Une disposition analogue se retrouve chez *Celtis aus-tralis* L. (Pl. V, fig. 4) : la partie externe de la cellule cystoli-thique est ici très réduite et entourée d'une rangée de cellules polygonales, comme les autres cellules épidermiques, mais beau-coup plus grandes que ces dernières. Chez *Humulus lupulus* L. (Pl. V, fig. 25 à 30), les cellules qui entourent les cystolithes ont leurs parois latérales épaissies et rectilignes, et leur cavité est occupée par un dépôt de cellulose incrusté de carbonate de chaux, dépôt analogue à celui que nous aurons à examiner plus loin dans les cellules qui entourent la base d'un grand nombre de poils calcaires, notamment chez les Borraginées.

---

[1] *Loc. cit.*, pag. 262.

[2] Ce fait, général chez tous les Ficus dont les cellules cystolithiques, à l'état adulte, sont situées au milieu des couches de renforcement de l'épiderme, s'expli-que par la manière même dont ces cellules ont acquis leur situation : la cellule cystolithique était primitivement un élément épidermique. Plus tard, la crois-sance des cellules voisines les a amenées à s'insinuer au-dessus de cet élément, et à exercer sur sa partie supérieure une poussée latérale dont le résultat a été de la refouler vers le bas. Ces éléments épidermiques, qui se sont insinués au-dessus de la cellule cystolithique, sont donc provenus des éléments qui entou-raient celle-ci, et partant, au début, de sa périphérie, ils ont dû, en s'accroissant, venir se rejoindre au-dessus de son centre, c'est-à-dire au-dessus du point où était inséré le pédicule du cystolithe.

En ce qui concerne les cystolithes des Acanthacées et les cystolithes linéaires de quelques Urticées, leur situation spéciale dans les tissus les plus différents exclut toute idée de constance dans l'orientation du point d'insertion du pédicelle. Ce dernier est d'ailleurs beaucoup plus court et plus fin que dans les cystolithes globuleux des Urticées, et souvent même il devient impossible de le distinguer.

Weddel et Schacht ont les premiers observé ce fait, en s'occupant des cystolithes des Acanthacées ; le dernier surtout constate [1] que, dans les cystolithes situés dans l'épiderme de ces dernières plantes, le pédicelle est toujours perceptible si on examine dans des conditions favorables, mais très court et très mince, et que dans les tissus internes il est impossible de démontrer dans tous les cas la présence de cet appendice. Il en conclut que la tige doit, dans ce dernier cas, subir, à mesure que le cystolithe s'accroît, une résorption complète.

K. Richter [2] confirme ces assertions ; s'il a souvent réussi à voir la tige des corpuscules de l'épiderme et de la moelle, il n'a pu que très rarement l'observer dans les cystolithes de l'écorce de l'aubier ; il est donc conduit à adopter les conclusions de Schacht. Ces conclusions paraissent d'ailleurs entièrement légitimes, car il est bien difficile d'admettre que les cystolithes des tissus internes possèdent tous un pédicelle, lorsque l'observation la plus attentive, faite sur de bonnes préparations, ne parvient pas, dans la grande majorité des cas, à en laisser soupçonner l'existence. Il est d'autre part certain que ce pédicelle a toujours existé dans les premiers moments de l'évolution du cystolithe, car cette partie est la première qui apparaisse, et c'est autour d'elle que s'organise la formation tout entière. Mais, une fois qu'il s'est formé, il ne paraît pas subir de développement ultérieur, de sorte que, lorsque le cystolithe grossit, les nouvelles couches de cellulose et de carbonate de

1 *Loc. cit.*, pag. 143 et seq.
2 *Loc. cit.*, pag. 7.

chaux qui se déposent l'entourent complètement, n'en laissant
libre qu'une très faible longueur; il est possible que dans les
tissus internes l'accroissement de la masse cystolithique, continuant après que pédicelle a été complètement recouvert, détermine sa séparation de la membrane cellulaire. C'est là un point
sur lequel il me faudra revenir en décrivant le développement
de ces formations. K. Richter a vu en outre que, dans la plupart
des cas, cette tige s'attache sur le cystolithe en des points différents, mais qui dépendent le plus souvent de la forme même
du corpuscule; ce point, dans les cystolithes fusiformes ou
émoussés aux deux bouts, serait situé vers le milieu du côté
longitudinal : dans ceux en fer à cheval, au milieu de la face
convexe; dans les cystolithes à forme irrégulière, d'une façon
tout à fait variable. K. Richter ajoute n'avoir pu vérifier l'assertion de Schacht, que, dans les cystolithes cunéiformes, c'est-
à-dire émoussés à un bout et appointis à l'autre, la tige est fixée
sur le bout émoussé; j'ai pu voir à plusieurs reprises cette disposition, notamment dans les cystolithes de cette forme que renferme l'épiderme de *Barleria Prionitis* L. (Pl. II, fig. 13).

Quant au point d'insertion de la tige sur la paroi cellulaire, il
ne peut avoir une orientation déterminée toutes les fois qu'il
s'agit de cystolithes contenus dans les tissus internes. Lorsque la
cellule est épidermique, sa surface externe est généralement très
développée (fig. 1, 2, 11, 12, 13, Pl. II, fig. 1, Pl. I), et c'est
sur le milieu de cette face qu'a lieu l'insertion. Schacht avance
cependant que ce fait n'est pas constant et que l'on doit, dans
ce cas même, pouvoir constater quelquefois l'insertion de la tige
sur une des parois latérales de la cellule; K. Richter met en
doute cette affirmation, dont il n'a pu vérifier la légitimité. Il
est incontestable cependant que, chez *Barleria Prionitis* L. tout
au moins, le point d'attache des tiges des deux cystolithes
voisins est sur la paroi transversale qui sépare les deux cellules
cystolithiques.

§·2. *Structure intime des cystolithes.*

Un autre point de grande importance doit être mentionné dans l'histoire morphologique des cystolithes : c'est la structure même de leur base organique. Schacht[1] a le premier étudié cette structure et s'en est fait un argument pour combattre les idées de Meyen et de Payen sur la constitution de ces corps. Il montra que la cellulose qui constitue cette base organique est disposée en couches concentriques autour d'un point représenté par l'extrémité du pédicelle, et cela non seulement dans les cystolithes globuleux des Urticées, mais encore dans les formations linéaires des Acanthacées. Il signala en même temps des stries radiales perpendiculaires sur les strates concentriques et rayonnant, autour d'un centre, dans toute la masse stratifiée. Ces stries radiales, visibles sur les cystolithes de Ficus débarrassés de leur carbonate de chaux, sont également très bien marquées sur la coupe transversale des cystolithes d'Acanthacées (Voir les diverses figures Pl. I et II).

Sachs[2] a expliqué la présence de ces stries en admettant que la masse cellulosique du cystolithe est constituée par des couches alternativement plus riches et plus pauvres en eau, et il donne la même explication pour les stries radiales, de sorte qu'il faudrait voir dans ces formations les analogues des stries qui se forment dans l'épaisseur de toute membrane cellulaire.

Kny[3], à son tour, a examiné et figuré la constitution de ces corps chez *Ficus elastica* Roxb., mais il croit devoir en donner une tout autre explication : pour lui, en effet, les stries concentriques sont bien dues à une alternance de couches cellulosiques plus ou moins aqueuses, mais les stries radiales seraient formées par des « fibres du tissu cellulaire » qui, traversant la masse

---

[1] *Loc. cit.*, pag. 147 et seq.

[2] *Loc. cit.*, pag. 70.

[3] *Loc. cit.*

organique, formeraient une sorte de charpente destinée à soutenir le reste de la masse. Il se base, pour émettre cette opinion,
sur la coloration bleue beaucoup plus intense que détermine
dans ces lignes radiales l'action du chlorure de zinc iodé.

Enfin K. Richter [1], revenant sur cette étude et examinant, au
point de vue de leur structure, un certain nombre de formations
cystolithiques d'Urticées et d'Acanthacées, est amené à établir
une distinction absolue entre ces deux sortes de formations et à
donner aux stries radiales des cystolithes d'Urticées une signification tout autre qu'à celles des cystolithes d'Acanthacées. Il
nous faut examiner avec soin ses conclusions.

« Chez le Ficus, dit-il [1], la masse de la substance organique
qui reste (après l'action d'un acide) est assez considérable. Nous
voyons ici une tige assez grosse... Cette tige s'étend à peu près
vers le milieu du corps du cystolithe..., et est revêtue à son extrémité, en forme de capuchon, de stratifications de tissu cellulosique qui se confondent peu à peu, à la base de la tige, avec la substance de celle-ci, qui ne paraît pas stratifiée. Il ne m'est pas possible de distinguer si ces stratifications se continuent jusqu'à la
tige ou peut-être même à la paroi cellulaire; cependant un gonflement des parties de la membrane cellulaire voisines du point
d'insertion de la tige laisse, ici aussi, voir une stratification ; ce
fait semble fournir une confirmation de la supposition précédente.
Contrairement aux assertions de Meyen et de Schacht, je n'ai pas
pu, plus que Weddel et Duchartre, voir une stratification distincte
dans le pédicelle.

» Ces stratifications du tissu cellulosique sont traversées par
des lignes radiales qui se perdent à leur extrémité, et qui, men-
tionnées déjà par Schacht, furent soumises à un examen plus
approfondi par Sachs et par Kny. Ces stries, ainsi que Kny le fait
remarquer avec raison, se colorent en bleu foncé lorsqu'on ajoute
du chlorure de zinc iodé, et cela, à la vérité, avec une intensité
plus grande que la masse stratifiée qui les entoure. Cette obser-

[1] Loc. cit., pag. 10 et seq.

vation fit supposer à Kny une structure qui ne saurait rencontrer aucun analogue dans tout le règne végétal, c'est-à-dire des fibres du tissu cellulaire qui soutiennent la masse stratifiée, et formeraient de la sorte, pour ainsi dire, des piliers dans l'échafaudage de la base organique. Je ne puis cependant pas me rallier à cette opinion, qui me semble, au contraire, être directement réfutée par une de mes observations : en effet, si l'on fait bouillir assez longtemps dans de la lessive de potasse une coupe de feuille de *Ficus elastica* Roxb., ce dessin disparaît complètement dans tous les cystolithes, même dans ceux qui le montraient d'une manière particulièrement distincte ; et l'on ne s'expliquerait pas comment ce procédé pourrait faire disparaître une fibre du tissu cellulaire. »

. . . .

»Les cystolithes sont tout différents chez les Acanthacées ainsi que chez les espèces de Pilea, Elatostemma et Myriocarpa. Avant tout, la base organique est ici beaucoup plus pauvre en substance, de sorte que, après la disparition du carbonate de chaux, on a besoin d'objectifs assez forts pour apercevoir distinctement ces corps. A la première vue, ces corpuscules aussi montrent une stratification concentrique et le dessin radial décrit plus haut, de sorte que, dans la structure, il n'y a pas de différence essentielle entre eux et les cystolithes de la plupart des Urticées. Cependant un examen plus approfondi nous apprend que la strie radiale chez les Acanthacées a une signification tout autre que chez les Urticées. La stratification, également, offre ici un aspect en général différent. En effet, comme les stratifications convergent vers le point d'insertion de la tige, et que celle-ci est très souvent rattachée au côté longitudinal, et, dans ce dernier cas même, pas toujours au milieu, les stratifications se perdent souvent très irrégulièrement et ne présentent que rarement le développement régulier qu'elles ont chez le Ficus. Dans les corpuscules cunéiformes, et mieux encore dans les corpuscules en massue de l'écorce et de l'aubier, c'est même une règle que les stratifications deviennent considérablement plus fortes vers la pointe, tandis que du

4

côté émoussé elles deviennent si minces qu'on peut à peine encore les distinguer.»

. . . .

»Jusqu'ici, les différences avec les cystolithes de Ficus apparaissent seulement comme une conséquence du mode différent de développement et de la forme de ces corps. Il en est autrement du dessin radial. Il est vrai que lui aussi, du moins sur les sections transversales faites à travers les corpuscules en forme de pique ou de fuseau, est tout à fait semblable à celui de Ficus ; mais l'examen de ces corps suivant leur diamètre longitudinal nous apprend déjà que ce dessin a ici une tout autre signification que dans l'autre cas. En effet, il se présente toujours sous forme de courtes lignes longitudinales qui couvrent le cystolithe. En les faisant bouillir dans la lessive de potasse, on ne leur fait subir aucun changement, alors même qu'on continue le traitement jusqu'à ce que les cellules isolées se détachent presque de leur substance conjonctive. Ce dernier fait est sans doute celui qui montre le plus distinctement la différence entre les deux phénomènes. Un examen plus approfondi montre qu'il semble exister ici une in'erruption locale de la substance organique, de sorte que le corps tout entier semble, pour ainsi dire, traversé par des nervures longitudinales. Aussi, d'après l'observation du procédé de dissolution du carbonate de chaux, il paraît certain qu'il se fait ici, non seulement un dépôt, mais une stratification de la matière calcaire..... »

Tous les faits avancés par K. Richter sont rigoureusement exacts; et il est facile de constater sur de bonnes préparations la différence qui existe, au point de vue de la structure interne, entre les cystolithes globuleux des Urticées et ceux linéaires des Acanthacées. Mais, autour de ces faits, peuvent s'en grouper quelques autres qui nous laissent entrevoir la possibilité d'expliquer cette différence de structure.

C'est avec raison que Sachs a comparé aux couches et aux stries d'une membrane cellulaire les zones concentriques et les lignes radiales des cystolithes d'Urticées : comme toute membrane

cellulaire, la masse cellulosique de ces corps doit être considérée
comme formée de molécules de cellulose, molécules plus ou
moins grosses, et entourées d'une atmosphère aqueuse plus ou
moins épaisse, l'épaisseur de cette atmosphère augmentant en
raison inverse de la grosseur de la molécule. Le groupement de
molécules grosses à mince enveloppe aqueuse constitue une zone
dense, la réunion de molécules faibles à enveloppe aqueuse considérable formant, au contraire, une zone de faible densité et
peu réfringente. Le groupement de ces zones inégalement riches
en eau constituent les couches et les stries de la masse cellulosique [1].

Cependant la stratification concentrique et radiale de la base
organique d'un cystolithe, si elle repose, comme celle d'une
membrane cellulaire, sur l'inégale répartition de l'eau dans sa
masse, diffère pourtant de cette dernière par les conditions dans
lesquelles elle se forme et par la disposition qu'elle affecte. Que
l'on adopte, en effet, pour expliquer l'accroissement des parties
organiques de la cellule, la théorie de l'intussusception, développée par Nageli [2], ou celle de l'apposition, reprise sur de nouvelles
bases par Schimper [3], on doit attribuer la formation des strates
et des stries à l'action des forces moléculaires qui s'exercent dans
le corps en voie d'accroissement. Dans la membrane cellulaire,
ces forces sont de deux ordres au moins : celles développées par
le fait même de l'accroissement et celles qui résultent de la distension de la membrane due à la turgescence de la cellule.
Dans le corps du cystolithe, au contraire, qui est isolé au centre
d'une cellule, la turgescence de cette dernière ne peut exercer
aucune action, et nous n'avons à considérer que les forces développées par l'accroissement lui-même.

Si donc nous voulons, au point de vue du mécanisme de l'accroissement et de la formation des couches, établir une compa-

---

[1] Botanische Mittheilungen. (*Sitzungsb. der K. baier. Ak. der Wiss.*, mars 1862.)

[2] Bot. Mitt.; *Die Stärkekörner*, 1858.

[3] Recherches sur l'accroissement des grains d'amidon. (*Bot. Zeit.*, 1881). Traduction abrégée dans les *Ann des Sc. nat., Bot.*, sér. 6, vol. XI, pag. 265.

raison entre la masse organique du cystolithe et une autre des parties organiques de la cellule, cette comparaison devra porter, non pas sur la membrane cellulaire, malgré son identité de constitution chimique, mais bien plutôt sur un corps isolé dans la cavité cellulaire, un grain d'amidon par exemple, qui doit être soumis à très peu près aux mêmes conditions.

Un certain nombre de faits viennent d'ailleurs confirmer cette assertion : si l'on examine en effet avec soin les diverses couches concentriques d'un cystolithe, on voit que la couche la plus externe est toujours une zone dense et réfringente : la partie centrale au contraire est toujours molle et aqueuse. Au début, la masse cystolithique, encore très jeune, est entièrement homogène et dense ; plus tard, elle se différencie en une masse centrale molle et peu réfringente et une couche superficielle dense ; cette dernière se divise à son tour en trois couches, dont la moyenne est plus riche en eau ; le nombre des couches s'accroît ainsi successivement, l'externe demeurant toujours la plus dense. Enfin on peut constater aisément que la quantité d'eau contenue dans le corpuscule augmente de dehors en dedans ; dans la même mesure diminuent la densité et le pouvoir réfringent ; cette modification n'est pourtant pas continue de la surface au centre, mais alternative, grâce à l'alternance des couches. En d'autres termes, une couche dense située vers l'extérieur du grain contiendra plus d'eau qu'une autre couche dense plus interne, et, de même, les couches molles internes sont plus molles et moins réfringentes que les couches molles de la périphérie.

Tous ces caractères, constatés depuis longtemps dans les couches concentriques d'un grain d'amidon, confirment la supposition qui précède et établissent une conformité parfaite entre les forces qui agissent sur ces deux sortes de formations pendant leur développement, et qui déterminent leur organisation spéciale.

Avant d'examiner comment ces forces peuvent, dans le cas qui nous occupe, provoquer des particularités de structure telles que les stries radiales signalées plus haut, il convient de rappeler

comment elles agissent dans le cas, déjà bien étudié, du grain
d'amidon. Les théories émises à ce sujet peuvent se réduire à deux :
celle de l'intussusception, soutenue par Nageli, et celle de l'apposition, développée par Schimper. Ce n'est pas ici le lieu d'entrer
dans la discussion de ces théories, et je baserai mon raisonnement
sur la plus récente et la plus satisfaisante à mon avis, celle de
Schimper, tout en faisant remarquer que les développements que
je serai obligé de lui donner peuvent également s'appliquer à
l'hypothèse de l'intussusception.

« Dans un grain d'amidon, d'après M. Schimper [1], la substance est, au début, homogène et dense ; elle absorbe de l'eau et
se gonfle ; mais l'emmagasinement de l'eau n'est pas le même
dans toutes les directions ; il est beaucoup plus fort parallèlement
à la stratification que dans le sens du rayon, et dans les couches
les plus externes que dans celles plus internes [2]. Ce gonflement
inégal cause nécessairement des tensions dans le grain, tensions
positives dans chaque assise relativement à celle qui la suit de
dehors en dedans. Si, en effet, toutes les assises absorbent une
même quantité relative d'eau, l'accroissement en surface de
l'externe sera plus considérable, sa surface étant déjà plus grande,
et, par suite, son rayon s'allongera plus fortement que celui de
l'interne ; de là naîtra une tension radiale tendant à séparer les
deux assises, tension positive dans la plus externe, negative dans
la seconde ; mais, pour les mêmes motifs, celle-ci acquerra également une tension positive vis-à-vis de la troisième, et ainsi de
suite. En somme, une assise quelconque, prise dans le grain, est

---

[1] *Loc. cit.*, pag. 271 et seq.

[2] Ce fait tient lui-même à ce que la cohésion est beaucoup plus faible dans le
sens tangentiel que dans le sens radial, on peut s'en assurer en écrasant un grain
d'amidon : on voit s'y produire des fentes radiales nombreuses, mais jamais de
fentes dans le sens de la stratification. Le même phénomène se produit dans les
cystolithes. Il est surtout très apparent et très facile à constater dans les cystolithes de petite dimension et dans ceux encore jeunes. L'écrasement détermine la
division de la masse en sept ou huit lobes, et les fentes qui produisent cette division sont *toujours* perpendiculaires à la stratification concentrique.

douée d'une tension positive vis-à-vis de l'assise qui la suit et négative vis-à-vis de celle qui la précède.

» Ces tensions augmentent jusqu'à atteindre la limite d'élasticité ; alors la partie centrale étirée se gonfle en perdant sa réfringence première, et ce gonflement a pour effet de diminuer la tension. Mais bientôt celle-ci redouble d'intensité, par suite de l'apposition d'une nouvelle assise de molécules ; la couche externe dense est tiraillée dans sa partie moyenne, qui absorbe de l'eau et constitue une assise pâle comprise entre deux assises brillantes, et ainsi de suite. Les parties internes, en bloc, sont constamment tiraillées par les parties environnantes, leur capacité pour l'eau augmente, et c'est pour cette raison que les parties internes du grain résistent moins bien au gonflement et aux dissolvants que les externes[1]. »

Les considérations qui précèdent peuvent, on le voit, expliquer fort bien la formation des stries concentriques dans la base cellulosique des cystolithes. Mais il faut les étendre un peu si l'on veut concevoir la formation des stries radiales, qui, on le sait, n'existent pas dans un grain d'amidon.

Les tensions radiales qui s'exercent sur chacune des couches constituant le corps en voie d'accroissement sont positives dans chaque assise relativement à l'assise inférieure. Ces tensions tendent à être équilibrées par l'absorption d'eau qui se produit dans

---

[1] Les calculs de Nägeli établissent en effet que, dans de telles conditions, les quantités absolues d'accroissement sont, pour chaque couche, proportionnelles au carré du rayon, et que, par suite, la force radiale (de cohésion) qui fait équilibre à la tension superficielle est inversement proportionnelle au rayon, et la force de tension (séparatrice) inversement proportionnelle au carré du rayon. Il s'ensuit que, plus les couches se rapprocheront du centre, plus la force séparatrice augmentera proportionnellement à la force de cohésion ; par conséquent, les couches les plus aqueuses devront se trouver au centre. C'est à ce fait qu'est due, sans aucun doute, la particularité observée par K. Richter dans les cystolithes d'Urticées : « Les stratifications du tissu cellulosique, dit-il, se confondent peu à peu, à la base de la tige, avec la substance de celle-ci, qui ne paraît pas stratifiée. » Et plus loin, à propos des cystolithes d'Acanthacées, il ajoute : « Le centre du corpuscule *ne montre plus ici de stratification* et ressemble souvent à un espace vide. » Ces deux faits peuvent se vérifier aisément.

les parties les plus tiraillées. La résultante de toutes ces tensions, résultante plus ou moins forte suivant que l'équilibre s'est plus ou moins complètement établi, peut donc être considerée comme une force unique, égale dans tous les sens et appliquée au centre de la sphère. Or la mécanique démontre que, dans une sphère homogène [1] soumise à l'action d'une telle force, la rupture se produit par des fentes qui coïncident avec les grands cercles de la sphère. C'est ce qui se produit dans nos cystolithes.

Dans un grain d'amidon, la tendance à l'équilibre entre les forces radiales et le gonflement des parties les plus tiraillées est toujours à peu près satisfaite, de sorte que, en aucun moment du développement, la résultante des forces radiales n'est assez considérable pour vaincre la cohésion et pour déterminer la formation de fentes. On peut attribuer ce fait à ce que, dans le grain, la croissance est relativement assez lente et la rapidité de pénétration de l'eau dans la masse assez considérable pour que l'équilibre puisse s'établir à chaque moment. Dans ce cas, il y a formation de zones concentriques, alternativement plus molles et plus denses, mais les stries radiales ne peuvent pas apparaître.

Dans le cystolithe globuleux d'une Urticée, au contraire, nous pouvons admettre que le dépôt de substance nouvelle est assez rapide, relativement au pouvoir de pénétration de l'eau, pour que l'équilibre ne puisse pas s'établir complètement. Dans ce cas, l'eau, pénétrant dans le corps et s'accumulant dans les parties les plus tiraillées, produirait, comme dans le cas précédent, une formation de zones concentriques alternativement denses et molles ; mais en outre, les forces de tension radiales n'étant pas entièrement équilibrées par ce dépôt aqueux, leur résultante finirait, au bout d'un certain temps, par acquérir assez de force

---

[1] Dans le cas spécial qui nous occupe, la sphère n'est pas rigoureusement homogène, puisque la densité varie dans ses différents points. Mais, avant la formation des stries radiales, elle est constituée par des calottes sphériques emboîtées, alternativement plus molles et plus denses, mais dont chacune est homogène dans ses diverses parties. Nous pouvons donc sans inconvénients, au point de vue mécanique, considérer la sphère elle-même comme homogène.

pour vaincre la cohésion des molécules de cellulose et pour
produire, suivant la direction des grands cercles de la sphère,
un écartement plus ou moins considérable des molécules, écartement qui permettrait, en ces points, l'introduction d'une nouvelle
quantité d'eau. D'où formation de zones aqueuses dirigées suivant
le plan des grands cercles; les traces, sur la coupe, de ces zones
constituent des lignes radiales, perpendiculaires sur les couches
concentriques.

Si nous admettons maintenant que, le pouvoir de pénétration
de l'eau et la nature, et par conséquent le degré de cohésion
des particules déposées, demeurant les mêmes, l'accroissement
devienne beaucoup plus rapide, la force de séparation s'exer-
çant suivant les grands cercles pourra devenir encore plus puis-
sante et, agissant plus rapidement, déterminer alors, non plus
seulement une distension de la substance et une augmentation de
sa teneur en eau sur certains points, mais même une séparation
effective des molécules. Les lignes suivant lesquelles s'effectue-
rait cette séparation seraient d'ailleurs toujours dirigées suivant
le plan des grands cercles et, par suite, perpendiculaires sur la
stratification concentrique. Ainsi pourrait s'expliquer la formation des stries radiales des cystolithes d'Acanthacées, stries qui,
nous l'avons vu, répondent, non plus à des zones plus ou moins
aqueuses, mais à de véritables solutions de continuité dans la
masse cellulosique [1].

Il faut ajouter ici que, comme je l'ai dit plus haut, ces considérations pourraient conserver leur valeur, si l'on voulait admettre, pour l'accroissement des corps organiques de la cellule,
la théorie de l'intussusception [2].

---

[1] Notons que les cystolithes d'Acanthacées, plus volumineux et plus pauvres
en substance organique que ceux des Urticées, ont un développement incompa-
rablement plus rapide, ce qui semblerait venir à l'appui de la supposition.

[2] En effet, Nägeli (*Die Stärk körner*) admet que la pénétration par intussusception de la solution mère à l'intérieur d'un grain d'amidon détermine le dépôt
de nouvelle substance sur les molécules déjà existantes et, en même temps, la
formation de petites molécules nouvelles. Ce dépôt s'effectue dans les points de

§ 3. *Constitution chimique des cystolithes.*

Les premières observations sur la constitution chimique des cystolithes sont dues à Meyen, qui [1] les considérait comme formés de gomme ou d'une substance analogue et les désignait sous le nom de *masses claviformes gommeuses* (*Gummikeulen*). Meyen se basait, pour appuyer cette opinion, sur le très fort gonflement de ces corps dans l'eau bouillante et sur le renflement subit de toute la masse lorsqu'on la traite par les acides minéraux. Cette opinion était aussi celle de Schleiden [2], qui désigne sous le nom de *masses gélatineuses incrustées de carbonate de chaux* les cystolithes de Justicia et d'Eranthemum. Il faut ajouter cependant que cette opinion n'était pas émise par lui d'une façon absolue et qu'il ne la donnait qu'avec doute.

Payen seulement a fait [3] sur ce point des observations complètes et a démontré que, après avoir, par un acide quelconque, débarrassé les cystolithes de leur incrustation calcaire, on peut colorer en bleu la base organique de ces corps, en la traitant par l'iode et l'acide sulfurique. Il ne pouvait donc assimiler cette sub-

---

moindre résistance, c'est-à-dire dans le sens de la stratification ; de là naît, entre les couches, une tension radiale positive dans chaque couche relativement à celle qui la suit, et un écartement des molécules, écartement qui sera surtout considérable dans les points où la tension sera plus forte. Dans les points où se produira cet écartement, il pourra y avoir dépôt de nouvelles molécules, petites et entourées d'une épaisse atmosphère aqueuse, et par conséquent formation d'une zone plus molle. Dans ce cas, comme dans le précédent, les forces de tension seront plus ou moins rapidement équilibrées suivant que la pénétration de la solution mère (et par conséquent le dépôt de nouvelles molécules) sera plus rapide, et, dans le cas où l'équilibre ne s'établirait pas assez vite, la résultante des forces radiales déterminera encore l'écartement des molécules suivant des zones radiales. En ces points, il y aura, soit dépôt de nouvelles molécules aqueuses et formation de lignes claires, soit (si l'accroissement est encore plus rapide) rupture effective et formation de fentes.

[1] *Loc. cit.*, pag. 260, de la trad. franç.

[2] *Loc. cit.*

[3] *Loc. cit.*, pag. 85.

stance qu'à la cellulose, et c'est cette réaction, jointe à l'aspect extérieur des cystolithes débarrassés de leur incrustation calcaire, qui les lui faisait considérer comme formés par un agrégat de cellules très délicates, destinées à la sécrétion de la matière calcaire. Payen a montré, en outre, que l'incinération de ces corps laisse pour résidu un réseau siliceux très léger.

Schacht, enfin, constatait[1] aussi que la masse organique des cystolithes présente tous les caractères de la cellulose et étendait cette observation, non seulement à ces corps complètement développés, mais encore à leurs premiers rudiments. Il constatait le fait, non seulement sur les cystolithes d'Urticées, mais aussi sur ceux des Acanthacées.

Les auteurs postérieurs n'ont rien ajouté à ces données, jus qu'à K. Richter [2], qui, reprenant cette étude, a de nouveau soulevé deux questions que l'on croyait résolues.

Pour lui, s'il est impossible d'accepter l'opinion de Meyen sur la constitution de ces corps, il y a lieu de rechercher si la cellulose qui les forme est pure, ou si, mélangée à cette substance, il n'y a pas une certaine quantité de gomme qui lui donnerait ses propriétés spéciales, et notamment la faculté de se gonfler fortement dans l'eau bouillante et les acides minéraux. Il avoue n'avoir pu trancher la question, en raison de l'insuffisance des réactifs propres à déceler la présence de la gomme et des faibles dimensions des objets à étudier; mais il apporte à l'appui de son hypothèse les quelques faits suivants :

« 1° Un échantillon mis d'abord dans l'alcool et plus tard dans l'eau distillée fit voir un gonflement très fort des parties entourant immédiatement la tige; ces parties montraient, elles aussi, une stratification distincte. »

« 2° En traitant successivement par le carbonate de soude et par l'alcool des fragments de feuilles de *Ficus elastica* Roxb., on obtient un dépôt qui dénote la présence dans ces feuilles d'une certaine quantité de *bassorine*. »

---

[1] *Loc. cit.*
[2] *Loc. cit.*, pag. 13.

« 3° Ce précipité s'obtient beaucoup plus facilement avec de jeunes feuilles dans lesquelles les cystolithes ne sont pas encore incrustés de calcaire, ce qui indique un rapport entre la solubilité de la gomme et la présence de la chaux, et probablement aussi la réunion de ces deux substances dans les mêmes formations. »

« 4° Enfin, après l'extraction de la bassorine, les masses cellulosiques des cystolithes se colorent bien plus facilement qu'auparavant, sous l'action de l'iode et de l'acide sulfurique. Or la présence de la gomme produit ce résultat de diminuer la faculté de coloration de la cellulose par ces agents, ainsi que Richter s'en est assuré sur du coton imprégné d'une dissolution de gomme arabique. »

Cependant, pour Richter, ces faits ne seraient applicables qu'aux cystolithes des Urticées, ceux des Acanthacées ne contenant manifestement aucune trace de gomme.

Le second point repris par cet auteur est la question de la présence de la silice dans les cystolithes ; il confirme l'assertion de Payen, après l'avoir vérifiée au moyen de réactions plus sûres, et constate que l'on obtient un réseau siliceux en incinérant les cystolithes préalablement traités par l'acide chlorhydrique ou l'acide acétique concentrés, ou en les traitant ensuite par l'acide chromique concentré. Ce réseau n'apparaissait pas lorsque les coupes avaient été préalablement traitées par la lessive de potasse, qui dissout les composés siliceux. Ce réseau appartient toujours au corps même du cystolithe et n'existe jamais dans la tige, que l'on peut, dans tous les cas, détruire complètement par l'acide chromique ; l'acide sulfurique ne la dissout pas entièrement, cela, sans doute, par suite d'un commencement de cuticularisation (ce qui est encore confirmé par la faible coloration que donnent à cette partie du cystolithe l'iode et l'acide sulfurique).

Richter mentionne enfin que les cystolithes de *Ficus elastica* Roxb., après un séjour prolongé dans l'acide acétique (48 heures environ), prennent au centre une coloration verte qui devient jaune par les alcalis et repassse au vert par les acides. Il cite aussi la coloration verte que prennent souvent les cystolithes de *Goldfussia anisophylla* Nees. ; cette coloration disparaît par les acides, ou tourne au rouge, chez *Sanchezia glaucophylla* Hort.

Les résultats que m'a donnés l'étude chimique des cystolithes diffèrent fort peu de ceux obtenus par Richter, que j'ai pu compléter dans quelques cas.

En ce qui concerne la présence de la gomme dans les cystolithes, je puis notamment donner une affirmation plus précise. Les quelques espèces que j'ai étudiées à ce point de vue m'ont fourni des résultats toujours identiques, mais plus ou moins apparents ; les Ficus à feuilles lisses, surtout, par la grosseur remarquable de leurs masses cystolithiques, se prêtent fort bien à cette étude ; de tous ceux que j'ai vus, *F. subpanduræformis* Wall. est celui qui m'a donné les faits les plus nets. *F. elastica* Roxb. et *F. macrophylla* Desf. laissent voir beaucoup moins facilement la constitution des cystolithes. Chez les autres Urticées, notamment chez Urtica et Parietaria, les faibles dimensions des corpuscules rendent à peu près impossible toute recherche minutieuse. Ce n'est qu'avec les plus grandes réserves que je puis dire y avoir retrouvé les faits que je vais décrire chez *F. subpanduræformis* Wall.

Mes observations ont porté sur des coupes de feuilles de ce figuier, dont les cystolithes étaient débarrassés de leur carbonate de chaux, soit par l'acide chlorhydrique très dilué (3 ou 4 p. 100 environ), soit par le séjour préalable de la feuille à l'obscurité [1]. Une différence assez grande se manifeste déjà dans l'aspect des coupes traitées de ces deux façons ; les cystolithes débarrassés de leur incrustation calcaire par l'obscurité conservent leur forme primitive sans altérations et montrent leur surface hérissée de tubercules qui correspondent aux points où s'effectuait le dépôt de carbonate de chaux ; les stries y sont très apparentes ; les plus externes suivent les contours sinueux du corps, les plus internes au contraire deviennent de moins en moins onduleuses

---

[1] Voir pag. 21 et 23, Notes, et la seconde partie de ce travail.

et sont près du centre tout à fait droites ; enfin, la masse cellulosique n'a pas subi de gonflement appréciable.

Dans les corpuscules traités par l'acide chlorhydrique très dilué, on voit les contours du cystolithe arrondis, sans saillies ni protubérances ; ses dimensions se sont, en outre, très fortement accrues, et il remplit maintenant à peu près toute la cavité cellulaire. Si l'on examine sa constitution interne, on constate qu'il paraît nettement séparé en deux parties : une sorte de noyau interne, qui conserve à peu près les mêmes dimensions que le cystolithe primitif et dont les contours sont irrégulièrement mamelonnés ; par son aspect et la nature de ses stries, ce noyau correspond exactement à la masse entière du cystolithe dans le cas précédent. Il est entouré d'une zone beaucoup plus hyaline, dont les stries (moins fortement marquées) et les contours sont entièrement réguliers, sans aucune protubérance. A la partie supérieure, cette zone déborde sur la tige, qu'elle englobe presque totalement [1]. Enfin cette tige elle-même, au point où elle vient s'insérer sur la paroi cellulaire, présente un gonflement assez fort et prend un aspect plus hyalin.

En traitant par l'iode et l'acide sulfurique un de ces corpuscules, on pouvait assez facilement obtenir une coloration bleu violet de la masse centrale mamelonnée, mais toute la portion périphérique demeurait incolore, ce qui tendrait à démontrer qu'elle était bien de nature gommeuse.

On obtenait des résultats entièrement analogues en traitant par les acides dilués, notamment par l'acide chromique, des cystolithes préalablement dépouillés de leur matière calcaire par un long séjour de la feuille dans l'obscurité. Le contact seul de l'eau chaude suffisait souvent pour déterminer l'apparition, autour de la masse cellulosique colorable par l'iode et l'acide sulfurique, d'une épaisse couche hyaline qui demeurait incolore par les mêmes réactifs. Au contraire, cette zone ne se montrait pas

---

[1] On trouve même très souvent cette tige brisée, par suite du gonflement du corps cystolithique, qui presse contre les parois cellulaires. La brisure se produit toujours, dans ce cas, au-dessous même de la partie supérieure gonflée de la tige.

lorsque les coupes avaient été préalablement traitées par le carbonate de soude et l'alcool.

Il me paraît donc démontré que la masse organique qui constitue le squelette de ces cystolithes est formée de cellulose à laquelle vient s'ajouter une certaine quantité d'une substance gommeuse. C'est à cette dernière substance que seraient dues les propriétés spéciales que l'on a constatées dans la masse organique des cystolithes, notamment le gonflement que lui font subir les acides minéraux.

Toutefois ces faits, bien visibles chez *F. subpanduræformis*, le deviennent beaucoup moins chez les autres types. Il semblerait que chez *F. elastica* Roxb. et *F. macrophylla* Desf., la substance gommeuse devienne plus abondante encore, de manière à masquer à peu près complètement la masse de cellulose pure ; cette dernière ne dénote plus alors sa présence que par la coloration bleue que prend l'ensemble de la formation sous l'action de l'iode et de l'acide sulfurique.

Les cystolithes des Acanthacées ne montrent rien d'analogue, et, sous l'action des acides, leur masse ne subit qu'un gonflement très faible, qui ne suffit pas à faire admettre la présence dans leur masse d'une substance gommeuse quelconque. Il en est de même pour les cystolithes linéaires des Procridées.

La même différence existe entre les cystolithes des Urticinées et ceux des Acanthacées en ce qui concerne la présence, à leur intérieur, d'un réseau siliceux. Chez les Acanthacées, en effet, la masse tout entière des formations cystolithiques se détruit sous l'action de l'acide sulfurique concentré ou de l'acide chromique, sans laisser aucun résidu. Il ne peut donc y avoir pour ces corps aucun doute sur l'absence de la silice dans leur masse. Chez les Urticinées, au contraire, un traitement semblable laisse subsister un réseau très délicat, signalé d'abord par Payen [1]. Ce dernier auteur, cependant, n'avait pas entièrement résolu la question, car il dit lui-même avoir fait disparaître la chaux au moyen de

---

[1] *Loc. cit*, pag. 85.

l'acide chlorhydrique très étendu, pour ne pas endommager la base organique, et avoir incinéré ensuite. Il était donc fort possible que le résidu constaté après l'incinération fût formé, non par la silice, mais par un sel calcaire moins facilement décomposable que le carbonate. Cependant le même résultat a été obtenu par K. Richter[1], qui employait l'acide chlorhydrique concentré, ou l'acide acétique, et qui détruisait ensuite la matière organique, soit par l'incinération, soit par l'acide chromique. J'ai pu constater moi-même que le réseau siliceux apparaît toujours quel que soit l'acide employé, et résiste ensuite à l'action de tous les agents qui attaquent les autres composés minéraux[2]. Le seul fait qui pourrait encore faire douter de la nature siliceuse de ce résidu serait donc sa biréfringence, que signale K. Richter. Encore cet auteur fait-il lui-même remarquer que certains états de la silice amorphe, l'opale par exemple, sont biréfringents. Il avait d'ailleurs vu que ce réseau ne se formait pas lorsque le cystolithe avait au préalable été traité par la lessive de potasse bouillante.

On peut facilement répéter cette observation et constater, en outre, que les squelettes obtenus par les procédés indiqués plus haut se dissolvent sous l'action du même réactif.

On trouve dans certains ouvrages généraux une autre indication concernant la présence de la silice dans les cystolithes ; ce corps se rencontrerait, suivant ces ouvrages, dans le pédicule exclusivement. Cette erreur fut commise d'abord par Luerssen[3], qui dit expressément que dans les cystolithes le pédicule est silicifié et le corps incrusté de carbonate de chaux. Cependant, d'après un passage d'une communication de Luerssen à Wiesner[3], cette assertion ne reposerait que sur les indications du *Manuel de Botanique* de Hofmeister[3], qui lui-même reproduit les données

---

[1] *Loc. cit.*, pag. 16.

[2] Le procédé auquel je me suis arrêté, comme le plus simple et le plus sûr, consiste à placer dans une goutte d'acide sulfurique concentré sur la lame de platine les coupes à examiner, et à chauffer jusqu'à ce qu'il ne reste plus sur la lame qu'un squelette blanc, formé de silice pure

[3] *Loc. cit.*, pag. 147.

et même une des figures de Payen. Il est d'ailleurs facile de s'assurer que si le pédicule des cystolithes résiste un peu plus que les autres parties à l'action de l'acide sulfurique concentré ou de l'acide chromique, il n'en finit pas moins par se dissoudre entièrement sous l'action de ces agents, ce qui rend absolument inadmissible la présence de la silice à son intérieur.

§ 4. *Action de la lumière polarisée sur les cystolithes.*

L'examen de l'action exercée par les cystolithes sur la lumière polarisée peut fournir des indications précieuses sur leur constitution. Ces observations sont seulement très délicates, et le nombre des circonstances qui peuvent influer sur leur résultat peut expliquer les divergences considérables qui existent, à ce sujet, entre les assertions des auteurs.

Schacht, le premier, a étudié ces phénomènes et a constaté que les cystolithes dépolarisent la lumière polarisée et apparaissent éclairés lorsque le champ du microscope est noir. Il conclut à leur biréfringence.

Sachs [1], au contraire, nie l'action des cystolithes sur la lumière polarisée et affirme qu'ils ne provoquent jamais une augmentation de lumière dans le champ de vision; il s'appuie sur cette constatation pour déclarer que le carbonate de chaux n'y existe pas sous la forme cristalline.

Kny [2], à son tour, confirme les assertions de Schacht et constate, non seulement une augmentation de lumière dans le champ de vision, mais encore l'apparition d'une croix de polarisation très distincte. Il fait, en outre, cette remarque importante, que ces phénomènes, loin de disparaître lorsqu'on traite le cystolithe par un acide destiné à dissoudre le carbonate de chaux, prennent au contraire une intensité encore plus considérable. Ces observations portent sur les cystolithes de *Ficus elastica* Roxb.

---

[1] *Loc. cit.*, pag. 69.

[2] *Loc. cit.*, pag. 28.

Enfin K. Richter[1] confirme, sous tous les rapports, les observations de Kny et les étend aux cystolithes des Acanthacées, qui apparaissent vivement brillants en présence des nicols croisés et montrent une croix de polarisation très nette. Il constate encore que ces phénomènes sont plus distincts lorsqu'on a fait disparaître le carbonate de chaux, et en conclut très justement que si l'assertion de Sachs, que le carbonate de chaux est à l'état amorphe, n'est pas réfutée par ces observations, il n'est pas non plus démontré que l'état cristallin ne puisse exister.

En somme, la question subsiste encore tout entière. Il y a dans le cystolithe deux corps qui peuvent être susceptibles d'agir sur la lumière polarisée : le carbonate de chaux, qui, s'il est à l'état cristallin, sera doué de biréfringence, et la masse organique, qui, disposée en couches concentriques régulières, peut provoquer des phénomènes de polarisation lamellaire. Il ne sera donc possible de conclure à l'état cristallin ou amorphe du carbonate de chaux que lorsqu'on aura pu séparer ces deux phénomènes superposés.

Les cystolithes des Acanthacées montrent assez facilement leur action sur la lumière polarisée; lorsqu'on examine un cystolithe entier, il se détache très nettement sur le fond obscur du champ. Sur une coupe, le même effet se produit, et l'on distingue très bien une croix obscure, tout à fait analogue à celle des grains d'amidon. En débarrassant, par un acide, les cystolithes de leur carbonate de chaux, il paraît y avoir une légère accentuation du phénomène; mais, lorsqu'on observe avec un grossissement ordinaire, on ne peut constater aucune autre différence appréciable. Il n'en est pas de même si l'on recourt aux forts grossissements; en me servant de l'objectif à immersion nº 7, de Nachet, j'ai vu que le corps des cystolithes, après traitement par un acide, n'était pas tout entier éclairé, et que des lignes sombres, assez minces, mais bien distinctes, se montraient en assez grand nombre à sa surface. Ces lignes sombres, dirigées suivant

---

[1] *Loc. cit.*, pag. 19.

le grand diamètre du cystolithe, correspondent aux interruptions locales de la base organique, dans lesquelles s'accumule le carbonate de chaux (Voir Pl. III, *fig.* 20).

Au contraire, en examinant le cystolithe encore pourvu de son incrustation calcaire, on pouvait voir la masse tout entière uniformément éclairée, avec quelques points plus brillants correspondant aux protubérances coniques qui hérissent la surface de la formation, et qui, nous l'avons vu, sont exclusivement constituées par du carbonate de chaux.

Il me paraît donc démontré que dans les cystolithes des Acanthacées, si le support cellulosique est le siège de phénomènes de polarisation lamellaire, le carbonate de chaux se montre également biréfringent, et que, par conséquent, cette substance est déposée à l'état cristallisé.

Ces observations ont porté principalement sur les cystolithes de *Goldfussia anisophylla* Nees., *Adathoda vasica* Nees et *Ruellia varians* Vent. Pour les autres types d'Acanthacées, j'ai très souvent constaté leur action sur la lumière polarisée, mais sans l'examiner d'aussi près.

Les cystolithes des Urticinées m'ont fourni, au point de vue de l'action sur la lumière polarisée, des résultats bien différents. A un grand nombre de reprises, et dans les circonstances les plus diverses, j'ai examiné des cystolithes de divers Ficus, Urtica, Parietaria, Bœhmeria, etc., mais sans jamais pouvoir constater aucune trace d'action. Toujours ces corps ont disparu lorsque les nicols étaient croisés, alors même que diverses parties des membranes cellulaires se montraient brillamment éclairées. Ce résultat ne variait pas, que les cystolithes fussent encore pourvus de leur carbonate de chaux ou qu'ils en eussent été débarrassés par l'action d'un acide. Ce résultat, d'autant plus étonnant qu'il est absolument contraire aux affirmations de Schacht, Kny et K. Richter, a été, par cela même, vérifié avec le plus grand soin, sans qu'il m'ait jamais été possible d'y constater la moindre variation.

CHAPITRE II.

ÉTUDE DU DÉVELOPPEMENT DES CYSTOLITHES.

§ I. *Développement des cystolithes d'Acanthacées.*

Le mode de développement des formations cystolithiques a été observé d'abord par Meyen [1] dans les feuilles de *Ficus elastica* Roxb. Il constatait que les premières traces de ces corps apparaissent « quand les jeunes feuilles commencent à se dérouler, ou, plutôt, avant même que la gaîne stipulaire se détache », sous l'aspect de corpuscules particuliers, claviformes, fixés par une extrémité à la face supérieure de la cellule qui les contient, et dont l'autre extrémité, épaisse et renflée en masse, pend librement dans la cavité de cette cellule. Très exigus à leur première apparition, ces corpuscules sont, au moment de la chute de la stipule engaînante, « de grandeur assez égale, fusiformes, très étroits encore et renflés à leur extrémité supérieure ». Il constatait à ce moment la présence, sur leur surface, de bandes transversales parallèles, « qu'on pourrait bien considérer comme indiquant des couches superposées dont serait formé ce corps, qui, par conséquent, se développerait par l'apposition de nouvelles couches successives ». Pour Meyen, ces masses claviformes étaient constituées par une substance gommeuse ; elles s'épaississaient ultérieurement par l'addition de nouvelles masses de gomme et formaient, à leur surface, des proéminences particulières dont l'extrémité s'incrustait de carbonate de chaux. Meyen avait constaté en outre que, chez *Ficus elastica*, les cellules à l'intérieur desquelles se développent les formations cystolithiques étaient originairement des cellules ordinaires de la couche

---

[1] Archiv. für Anatomie, Physiologie, v. J. Muller, etc., 1839, pag. 255. Traduction française dans les *Annales des Sc. nat., Bot.*, sér. 2, vol. XII, pag. 257, sous le titre : Matériaux pour servir à l'histoire du développement des diverses parties dans les plantes.

épidermique qui ont pris un accroissement considérable, de manière à se prolonger jusqu'au milieu du parenchyme foliaire.

Payen[1] avait, sur le développement des cystolithes, une opinion d'accord avec ses idées sur leur constitution morphologique. Pour lui, ces formations apparaissaient d'abord sous forme de corpuscules cylindriques, à l'extrémité desquels se développait un tissu très fin, dont les cellules s'emplissaient ensuite de carbonate de chaux.

Enfin Schacht[2] a donné une description détaillée de l'évolution des cystolithes des Urticées et a montré que, de très bonne heure, il se forme, dans certaines cellules de l'épiderme de *Ficus elastica* R., des épaississements locaux des parois cellulaires extérieures, qui croissent ensuite dans la cavité de la cellule, où ils envoient un prolongement cylindrique, formé de cellulose pure et absolument dépourvu de carbonate de chaux. Cette tigelle grossit par l'adjonction de nouvelles couches de cellulose à son extrémité. Au moment où la feuille s'épanouit, le dépôt de carbonate de chaux commence à s'effectuer et le corpuscule arrive rapidement à son état définitif. *Ficus elastica* R. est la seule Urticinée examinée à ce point de vue par Schacht, comme d'ailleurs par les autres observateurs. Sachs[3], seul, confirme, pour *Broussonetia papyrifera* Vent., les assertions de cet auteur.

Mais, d'autre part, les études de Schacht ont porté aussi sur l'évolution des formations cystolithiques dans la famille des Acanthacées, mais sans lui donner de grands résultats, car les formations de l'écorce de *Justicia sanguinea* Willd , dont il donne la figure, ne paraissent pas répondre à une phase du développement des cystolithes, et d'ailleurs il avoue lui-même n'avoir jamais réussi à trouver dans les Acanthacées de stades évolutifs quelconques. Cela tient sans aucun doute à ce que les cystolithes des Acanthacées évoluent beaucoup plus rapidement que

---

[1] Mémoires sur le développement des végétaux. (*Mémoires présentés par divers Savants à l'Académie des Sciences*, vol. IX, pag. 85.)

[2] *In den Abhandlungen der Seukenbergischen Gesellschaft*, I, pag. 133.

[3] *Loc. cit.*, pag 169.

ceux des Urticées, et qu'on les trouve déjà bien formés dès qu'on s'adresse à des organes qui ont dépassé leurs premiers états de développement.

Ce fait est constaté par K. Richter[1], qui a vu les cystolithes des Acanthacées à leur état définitif, « au moment où la différenciation des tissus vient à peine de commmencer dans le parenchyme ». Il a également trouvé des cystolithes déjà pourvus de carbonate de chaux et présentant tous leurs caractères définitifs dans « les rudiments de feuilles qui, dans une section longitudinale à travers le bourgeon, apparaissent, au sommet de l'axe, comme de simples protubérances ». Il a pu cependant, dans *Ruellia picta* Bot. cab. et *Cyrtanthera magnifica* Nees., voir et décrire exactement la première apparition de ces formations. Il les décrit comme « des épaississements locaux, très exigus, de la paroi cellulaire », qui apparaissent « dans les cellules du parenchyme primordial, souvent tout près du point végétatif ». Dans *Goldfussia glomerata* Nees., où il croit également avoir vu ces formations, il leur assigne une longueur de $0^{mm},003$ à $0^{mm},004$. Avec les plus forts grossissements, cet auteur les a toujours vues « complètement dépourvues de structure » ; l'emploi des réactifs appropriés les lui a montrées comme formées de cellulose pure et encore absolument dépourvues de toute trace de carbonate de chaux. Ces divers faits établissent une grande analogie entre le premier développement des cystolithes des Acanthacées et celui des cystolithes de *Ficus elastica*. Mais, comme le fait remarquer K. Richter, cette analogie ne se poursuit pas plus loin, car les cystolithes des Acanthacées augmentent encore considérablement en grosseur, après même que le carbonate de chaux s'y est déjà déposé, et cela, très probablement, non par le simple dépôt d'une nouvelle quantité de calcaire, mais par l'adjonction de matière organique ; d'autre

---

[1] *Beitrage zur genaueren Kenntniss der Cystolithen und einiger verwandten Bildungen im Pflanzenreiche*. Vienne, 1877, chap. V, pag. 20 et seq., fig. 13 et 14.

part, il est possible que, au cours de l'évolution du cystolithe, la tige qui le rattachait à la paroi cellulaire soit résorbée dans bien des cas, car on ne peut souvent pas la retrouver lorsque la formation a pris son entier développement.

Dans le groupe des Urticinées, K. Richter n'a observé le développement des cystolithes que dans les feuilles de *Ficus elastica* R.; il confirme entièrement les faits énoncés déjà par Schacht.

En résumé, les données que l'on possède actuellement sur le développement des formations cystolithiques sont fort peu nombreuses. Dans le groupe des Urticinées, deux types seulement ont été examinés à ce point de vue : *Ficus elastica*, par Schacht, et *Broussonetia papyrifera*, par Sachs. Parmi les Acanthacées, les observations de Richter portent sur trois espèces et ne font connaître qu'une partie des phénomènes que nous avons à étudier. Nous verrons qu'en étendant les recherches à un nombre plus considérable de types, de manière à passer en revue au moins un représentant de chacun des principaux groupes de végétaux à cystolithes, nous pourrons obtenir des résultats entièrement différents de ceux admis jusqu'ici et interpréter d'une façon toute nouvelle les faits déjà connus. Ce travail nous montrera, en outre, combien il est toujours peu prudent de formuler une règle générale d'après un cas particulier, comme on l'a fait en supposant que les cystolithes de toutes les Urticinées se développaient de la même façon que ceux de *Ficus elastica*.

Les types d'Acanthacées que j'ai pu examiner au point de vue du développement des cystolithes sont assez peu nombreux, et, dans cinq d'entre eux seulement, j'ai pu suivre avec certitude les phases de ce développement. Ce sont : *Goldfussia anisophylla* Nees., *Adathoda vasica* Nees., *Ruellia varians* Vent., *Libonia floribunda* Koch et *Barleria prionitis* L. Le petit nombre de ces observations est cependant compensé par ce fait que, portant sur des espèces différentes de celles examinées par K. Richter, elles m'ont néanmoins fourni des résultats à peu près identiques.

Dans les trois premières espèces, en effet, des coupes faites dans les jeunes bourgeons et intéressant des feuilles à peine formées m'ont permis de voir dans le parenchyme de celles-ci les premiers rudiments des cystolithes, analogues à ceux qu'a décrits et figurés Richter. Les fig. 6 (Pl. III), 4 et 6 (Pl. II), représentent ces formations. Comme on peut le voir, elles se montrent sous forme de petites excroissances de la paroi cellulaire, qui prennent naissance sur celle-ci sans qu'on puisse apercevoir dans leur disposition une orientation quelconque. Chez *Adathoda vasica*, elles apparaissent d'abord comme un simple épaississement localisé sur un point de la paroi cellulaire, une sorte de petite ampoule (*a*, *a*, fig. 4, Pl. II). Cet épaississement se façonne plus tard en une petite tige très mince, souvent légèrement onduleuse, longue environ de $0^{mm}, 01$, dont l'extrémité libre forme une pointe aiguë (*b*, *b*, fig. 4, Pl. II). Enfin cette extrémité, dans les formations un peu plus avancées, se renfle pour former une sorte de petite massue rattachée à la paroi cellulaire par un très mince pédicule (*c*, *c*, fig. 4, Pl. II).

La fig. 6 (Pl. II) montre les mêmes formations dans une très jeune feuille de *Ruellia varians* Vent.; ici encore, nous voyons se former d'abord en *a* un épaississement limité de la paroi cellulaire, qui se prolonge ensuite en une mince tige pointue à son extrémité libre. Dans des formations plus avancées (en *b*) l'épaississement primitif de la paroi a disparu, mais, par contre, l'extrémité s'est renflée en une ampoule plus ou moins irrégulière, souvent divisée en deux lobes. Plus tard encore (en *c*), cette ampoule a pris des dimensions plus considérables et demeure rattachée à la paroi de la cellule par un mince pédicule extrêmement court. Comme Richter, je n'ai pu, dans les deux espèces en question, constater aucune trace d'organisation dans ces formations, qui sont encore absolument dépourvues de carbonate de chaux, et sont constituées par de la cellulose pure, comme l'indique la belle coloration bleue qu'elles prennent par l'iode et l'acide sulfurique.

Jusqu'ici, l'analogie entre ces formations et les jeunes cystolithes de *Ficus elastica* R. ne paraît pas complètement établie.

Nous verrons en effet que, chez *Ficus elastica* R., le premier rudiment du cystolithe est une tigelle cellulosique qui, rattachée
par une extrémité à la paroi cellulaire, fait, par son autre extrémité, librement saillie dans la cavité de la cellule; mais l'apparition de cette tigelle est toujours précédée d'un épaississement
considérable de la paroi cellulaire à laquelle elle est attachée,
épaississement qui ne disparaît que plus tard et paraît être une
accumulation de cellulose destinée à fournir des matériaux à
l'accroissement ultérieur du cystolithe. Cet épaississement possède en outre, je crois pouvoir le montrer, une signification morphologique toute spéciale. Ici, rien de semblable : la tigelle pro-
vien directement de la paroi cellulaire, ou, si un épaississement
de cette paroi précède son apparition, il est si limité, si faible,
qu'on ne peut le comparer à celui que nous offre *Ficus elastica*
Roxb.

Il serait cependant possible de trouver dans les très jeunes
feuilles de *Goldfussia anisophylla* Nees. quelque chose qui rap-
pelle cette disposition. On voit en effet (*a*, fig. 6, Pl. III) certaines
cellules dont les parois s'épaississent considérablement sur toute
leur surface. Cet épaississement, formé par l'accumulation de
couches de cellulose nettement stratifiées, peut atteindre une
épaisseur de $0^{mm},15$, et paraît précéder l'apparition du rudiment
cystolithique. On voit en effet, en *b*, un cystolithe qui commence
à se développer à l'intérieur d'une cellule à parois ainsi épaissies. Ici, cependant, l'accumulation de cellulose paraît moins considérable que dans le premier cas.

Mais, à côté de ces exemples, on peut trouver dans la même
coupe des rudiments de cystolithes (*d*) qui paraissent provenir
directement de la paroi cellulaire, sans épaississement préalable, et, en *e*, un faible renflement limité à un point de la paroi
et qui paraît aussi devoir donner directement naissance à un cystolithe.

Tant qu'ils demeurent à l'état qui vient d'être décrit, les rudiments des cystolithes sont contenus dans des cellules qui ne diffèrent pas, comme formes et comme dimensions, des autres cel-

lules du parenchyme. Mais, à mesure que le corps du cystolithe augmente de volume et tend à prendre sa forme définitive, la cellule qui le contient suit son développement et acquiert des dimensions très considérables.

Il ne m'a pas été possible de voir dans les espèces précédentes comment s'effectue le développement ultérieur de la partie renflée qui doit former le corps du cystolithe, ni de saisir la première apparition du carbonate de chaux. Après les états précédemment décrits, les plus jeunes cystolithes que j'aie pu voir chez *Goldfussia anisophylla* N. et *Ruellia varians* V. atteignaient une longueur de $0^{mm},08$ à $0^{mm},1$, et étaient déjà abondamment pourvus de carbonate de chaux. Leur forme n'était pas encore la forme définitive : ils étaient plutôt cylindriques, d'une épaisseur à peu près égale en tous les points et coupés carrément à leurs extrémités. A l'état adulte, au contraire, ils sont plutôt fusiformes et appointis aux deux bouts. Dans tous les cas, il m'a été possible de voir ces jeunes formations reliées à la paroi cellulaire par une mince tigelle, et cela même dans les tissus (l'écorce, par exemple), où on ne peut plus la retrouver à l'état adulte.

Chez *Barleria prionitis* L. et *Libonia floribunda* Ch. Koch, au contraire, j'ai pu suivre de très près ces diverses phases et compléter les données déjà obtenues sur le développement des formations qui nous occupent.

Les cystolithes de la feuille de *Libonia floribunda* C. K. apparaissent dans les cellules épidermiques tant de la face supérieure que de la face inférieure. L'état le moins avancé que j'aie rencontré est celui représenté fig. 6 (Pl. III), où la paroi de la cellule se prolonge en un point, pour former une petite tige très mince, renflée à l'extrémité, sans structure appréciable et formée de cellulose pure. Cette tige s'allonge rapidement, tandis que son extrémité renflée augmente de volume et se couvre de cristaux de carbonate de chaux en forme de grappe. Dans des feuilles qui n'avaient pas encore atteint 1 millim. de long, tous les cystolithes étaient déjà parvenus à cet état, représenté fig. 7 (Pl. III), et faisaient avec les acides une très vive effervescence.

Ce qui distingue surtout, dans le développement, ces formations de celles des Urticées, c'est que, dans ces dernières plantes, le carbonate de chaux apparaît dans le cystolithe lorsque celui-ci a atteint son développement définitif. Ici, au contraire, l'incrustation calcaire s'effectue de très bonne heure, ce qui n'empêche pas l'accroissement de continuer ; le cystolithe, à l'état définitif, peut atteindre jusqu'à vingt fois la longueur qu'il avait au moment où s'est effectué le premier dépôt calcaire. Les fig. 8, 9, 10 et 11 (Pl. III) indiquent divers stades du développement ; on voit que celui-ci, qui au début s'effectue régulièrement dans tous les sens, s'accentue bientôt dans une direction, de sorte que, de mûriforme qu'il était (fig. 7, 8, 9), ce cystolithe devient rapidement oblong (fig. 10), puis linéaire (fig. 11)[1].

Il reste cependant à déterminer si cet accroissement considérable est le résultat seulement de l'accumulation de nouvelles quantités de calcaire, ou si le support cellulosique, lui aussi, s'accroît par apposition de nouvelles couches qui se déposeraient en même temps que le carbonate de chaux.

Il est vrai que, lorsqu'on fait agir un acide sur un cystolithe adulte d'Acanthacée, on constate une dissolution complète des parties extrêmes, parties que l'on doit dès lors considérer comme formées exclusivement par des couches successives de carbonate de chaux. Mais cependant la diminution de diamètre ainsi obtenue n'est jamais supérieure à un dixième de la longueur totale ; Richter l'a constaté, et il est très facile de vérifier le fait. Un cystolithe adulte, complètement débarrassé de son incrustation calcaire et réduit à son support cellulosique, conserve donc encore des dimensions bien supérieures à celles du cystolithe jeune et contient une quantité de cellulose beaucoup plus considérable.

---

[1] Il ne faut pas oublier que les figures qui représentent le développement du cystolithe de *Libonia floribunda* sont dessinées à des grossissements différents, et d'autant plus faibles qu'il s'agit d'un état plus avancé et plus volumineux : la fig. 6 est grossie 800 fois ; les fig. 7 et 8, 750 fois ; la fig. 9, 550 fois, la fig. 10, 410 fois, et la fig. 11, 350 fois. Le cystolithe de la fig. 7 mesure $0^{mm},006$ de diamètre ; celui de la fig. 11 a $0^{mm},1$ de long, et $0^{mm},02$ d'épaisseur.

On peut objecter que le traitement par un acide détermine un gonflement assez fort de la masse cellulosique et augmente dans une certaine proportion ses dimensions réelles ; mais ce phénomène se produit aussi dans le cystolithe jeune, et cependant il y a encore une disproportion considérable entre le volume de son support cellulosique, après traitement par un acide, et celui du support d'un cystolithe adulte.

Il est donc permis de dire, sans crainte d'erreur, que, bien que la base organique des cystolithes des Acanthacées soit considérablement plus pauvre en substance que celle des cystolithes des Urticées, il y a cependant, pendant toute la durée de l'accroissement de ces corps, un dépôt de cellulose qui vient augmenter leur masse, en même temps que s'effectue le dépôt de nouvelles quantités de carbonate de chaux. On peut expliquer ainsi comment la masse cellulosique des cystolithes d'Acanthacées est moins compacte que celle des cystolithes d'Urticées, puisqu'elle alterne avec des dépôts de carbonate de chaux qui s'étendent dans toute son épaisseur. Ce mode particulier de développement s'accorderait aussi avec la présence, dans cette masse cellulosique, des stries longitudinales qui y ont été signalées.

§ II. *Développement des cystolithes chez les Urticées.*

Il faut, dans la famille des Urticées, examiner à part, au point de vue du développement aussi bien qu'à tous autres égards, les cystolithes linéaires que présentent certains types, et notamment ceux du groupe des Procridées.

Nous avons déjà vu que, pour la forme, la structure intime, la constitution chimique, les propriétés optiques et la situation dans les tissus, ces cystolithes linéaires se rattachent entièrement à ceux des Acanthacées. Il en est de même pour le développement. Je n'ai pu le suivre dans toutes ses phases que sur une seule espèce, *Pilea rupipendia* Wed., mais les divers stades que j'ai observés ne diffèrent en rien de ceux déjà décrits chez les Acanthacées. Les rudiments cystolithiques apparaissent dès

le début de la différenciation des tissus, et, dans des coupes
faites à travers les bourgeons, on peut les voir, dans les feuilles
à peine indiquées, sous forme de petits prolongements de la paroi
cellulaire, prolongements d'abord très faibles et appointis à
l'extrémité libre, plus tard un peu plus épais et terminés en
massue. Le carbonate de chaux apparaît de très bonne heure sur
ces formations, qui, d'abord pisiformes, accentuent bientôt leur
accroissement dans le sens longitudinal et acquièrent leur forme
définitive dans les feuilles encore très jeunes. Ici, comme chez
les Acanthacées, le dépôt de nouvelles couches de cellulose continue encore, alors même que le dépôt calcaire a commencé à
s'effectuer, et la masse organique du corpuscule acquiert, par
suite, les mêmes caractères spéciaux. Le pédicule, d'abord toujours nettement visible, disparaît dans un très grand nombre de
cas, laissant le corps du cystolithe isolé au milieu de la cavité
cellulaire.

Si nous laissons de côté ces types aberrants de la famille des
Urticées pour examiner les types normaux, nous allons nous
trouver en présence de faits entièrement différents et se rappro-
chant bien davantage de ceux qui sont déjà bien connus et qui
ont été décrits à plusieurs reprises.

En effet, tous les types que j'ai pu examiner de la famille des
Urticées (la tribu des Procridées mise à part) m'ont fourni, au
point de vue du développement des cystolithes, des résultats fort peu différents de ceux qui sont admis pour *Ficus
elastica* Roxb.

Les cystolithes pisiformes d'*Urtica dioica* Lin., que représentent les fig. 1 et 2 (Pl. III) et qui ne diffèrent pas de ceux que
l'on rencontre chez *U. urens* Lin., *U. pilulifera* Lin., *U. dodartii* Lin., apparaissent de très bonne heure dans les jeunes
feuilles sous forme d'un épaississement assez sensible de la
paroi externe d'une cellule épidermique (fig. 3, Pl. III). Tandis
que les autres cellules de l'épiderme prennent leur accroissement
normal, celle-là se développe beaucoup plus fortement et s'enfonce au milieu du parenchyme sous-jacent. A la face supérieure

de la feuille, son bord inférieur arrive même à dépasser le niveau de la rangée de cellules en palissade qui règne au-dessous de l'épiderme.

En même temps, du milieu de la paroi externe épaissie de cette cellule, se détache un prolongement cellulosique qui, d'abord très réduit, s'allonge de plus en plus et fait saillie au milieu de la cavité cellulaire. D'abord cylindrique, ce prolongement se renfle à son extrémité libre et prend la forme d'une petite massue. Pendant que s'effectuaient ces modifications, l'épaississement primitif de la paroi cellulaire diminuait de plus en plus et finissait même par disparaître complètement. A cet état, la cellule cystolithique se montrait sous l'aspect représenté fig. 4 (Pl. III).

Sans structure appréciable jusqu'à ce moment, le rudiment cystolithique va maintenant continuer à s'accroître par le dépôt, autour de son extrémité renflée, de nouvelles couches de cellulose, qui se disposeront en strates successives, qu'un fort grossissement montre parfaitement nettes. Ces couches se disposent de manière à former un corps globuleux rattaché à la paroi cellulaire par un mince pédicule (fig. 5, Pl. III.) Enfin, ce n'est que plus tard, lorsque le corps du cystolithe a acquis à peu près sa taille définitive, que l'on voit apparaître le carbonate de chaux, d'abord sous forme de concrétions isolées (fig. 6, Pl. III), qui plus tard deviennent plus nombreuses, plus grosses et se touchent alors par les bords, de manière à donner à la masse son aspect framboisé caractéristique.

Les *Urtica urens* Lin. et *pilulifera* Lin. nous offrent des phénomènes complètement analogues.

L'évolution des cystolithes dans *Urtica biloba* Eort. diffère au contraire, en quelques points, de celle qui vient d'être décrite. Ici, les cellules épidermiques sont très développées et atteignent une hauteur considérable ; aussi les cystolithes sont-ils contenus dans certaines de ces cellules qui n'ont subi aucune modification, et qui sont peut-être demeurées plus petites que les autres éléments épidermiques (voir fig. 7, Pl. III). D'autre part, l'épaississement de la paroi externe, qui précède la première apparition du cystolithe, est beaucoup plus fort et persiste plus longtemps que dans les autres espèces.

A part ces différences de détail, l'évolution des cystolithes d'*U. biloba* H. se rattache entièrement à celle des mêmes formations dans *U. dioica* L.

Nous aurons à constater des phénomènes absolument de même nature chez les Pariétaires.

Les cystolithes nombreux qui se rencontrent dans l'épiderme supérieur ou inférieur de *Parietaria diffusa* Mert., Koch, sont globuleux, mamelonnés et ressemblent de très près à ceux d'*Urtica dioica* L. Les cellules qui les contiennent (fig. 14, Pl. III) apparaissent sur une coupe transversale de la feuille, séparées des autres cellules épidermiques par des cloisons obliques, absolument rectilignes, de sorte que la partie supérieure de ces cellules présente à peu près la forme d'une pyramide tronquée. Leur partie inférieure, arrondie, plonge au milieu du parenchyme sous-jacent. Les cystolithes sont suspendus à l'intérieur de ces cellules par un pédicule étroit et très court. La trace de l'insertion de ce pédicule est parfaitement visible lorsqu'on examine, de champ, l'épiderme d'une feuille (fig. 13, Pl. III). On voit en même temps que les cellules qui entourent la cellule cystolithique sont plus allongées que les autres éléments épidermiques et forment une rosette de 10 à 12 cellules, dont les parois latérales, rectilignes, sont assez fortement épaissies, de même que les parois de la cellule cystolithique elle-même. Sur ces points, l'épiderme est légèrement silicifié.

Si l'on examine ces formations sur des feuilles très jeunes, on voit que la cellule cystolithique, qui ne diffère d'abord pas des autres cellules de l'épiderme, épaissit fortement sa paroi externe, qui donne ensuite naissance à un prolongement cylindrique analogue à celui des Urtica. L'extrémité libre de ce prolongement, mince au début, se renfle plus tard en massue et continue à s'accroître par le dépôt de nouvelles couches de cellulose (fig. 17, Pl. III). Ici, dans le cystolithe encore très jeune et entièrement dépourvu de carbonate de chaux, il est très facile d'apercevoir les lignes concentriques qui indiquent la stratification de ce dépôt. A ce moment, la cellule épidermique qui est le siège de ces phénomènes commence à augmenter de volume et à refouler devant elle les cellules du parenchyme sous-jacent. Les autres phases du développement ne diffèrent pas de celles qui ont été décrites chez *Urtica dioica* L. L'apparition du carbonate de chaux, sous forme de concrétions d'abord distinctes, puis contiguës et mamelonnées, se produit absolument de la même manière.

Il est intéressant de constater que, chez *Parietaria diffusa* M.K., les cystolithes ne sont pas seuls le siège d'une accumulation locale de carbonate de chaux. Les deux faces de la feuille sont couvertes de poils calcaires qui méritent une description spéciale.

A la face supérieure de la feuille, ces poils sont très gros et formés par le développement d'une cellule épidermique (fig. 15, Pl. III). Leurs parois sont assez épaisses, et en outre, dans toute leur partie supérieure, la cavité est exactement remplie par un dépôt de cellulose disposé en couches superposées. Il arrive souvent que la pointe du poil se brise et que ce dépôt cellulosique ne subsiste alors qu'en partie. C'est ce que représente la fig. 15. Au-dessous de ce dépôt, la cavité du poil et une partie de la cavité du bulbe [1] sont occupées par un autre dépôt cellulosique très fortement incrusté de carbonate de chaux, de telle sorte que, seule, la partie inférieure du bulbe demeure libre. Lorsqu'on fait agir sur ces poils un acide qui puisse les débarrasser de leur incrustation calcaire, on voit que celle-ci s'est produite dans une masse cellulosique analogue à celle qui occupe la partie supérieure du poil, et, comme elle, distinctement stratifiée. Ce fait est d'ailleurs mis hors de doute par l'examen du mode de développement de ces formations. Dans une feuille très jeune, les poils sont simples, à parois minces, et leur cavité demeure entièrement

[1] Ici, comme dans tous les passages qui suivront, j'emploie ce mot *bulbe* pour désigner la partie inférieure de la cavité du poil, partie qui demeure toujours emprisonnée entre les autres éléments épidermiques.

libre. Dès que la feuille commence à se développer, on voit cette
cavité se remplir d'un dépôt de cellulose qui, commençant à la
pointe du poil, s'avance vers la base et finit par envahir toute sa
cavité, en faisant dans le bulbe une saillie très prononcée (fig. 18,
Pl. III). Ce dépôt cellulosique, très nettement et très finement
stratifié, est encore absolument dépourvu de carbonate de chaux.
Cette dernière substance apparaît sous forme de concrétions distinctes, éparses, qui se montrent d'abord sur le bord inférieur du
dépôt cellulosique (fig. 18) et finissent ensuite par former une
masse compacte et envahir toute sa portion inférieure.

A la face inférieure de la feuille, les poils ont un tout autre aspect. Ils sont, ici, beaucoup plus réduits et proviennent de la segmentation d'une cellule épidermique. Leurs parois sont assez
minces, mais toute la partie supérieure de leur cavité est occupée par un dépôt de cellulose presque pure et ne présentant que
quelques rares concrétions calcaires. Ce dépôt double, en quelque sorte, les parois du poil et ne laisse plus persister à son intérieur qu'une cavité très réduite, dans laquelle on constate la présence d'un certain nombre de concrétions (fig. 16, Pl. III).

Il est inutile, après ce qui vient d'être dit du développement
des cystolithes d'*Urtica* et de *Parietaria*, d'insister beaucoup sur
les formations analogues des Forskohlea. Un seul fait important
doit être noté : chez *Forskohlea angustifolia* Retz., la cellule qui
donnera naissance au cystolithe subit d'abord un accroissement
assez fort qui lui fait faire une légère saillie au-dessus des autres
cellules épidermiques. C'est à ce moment que la paroi externe
s'épaissit et produit le prolongement cellulosique qui sera le
point de départ du cystolithe. Ce dernier évolue comme nous
l'avons vu faire dans les cas précédents, et, à mesure qu'il s'ap-
proche de son état définitif, la saillie extérieure de la cellule qui
le contient devient de plus en plus faible et finit par disparaître
complètement. Ce fait, qui est mis en évidence par les fig. 14
et 15 (Pl. III), doit être retenu, car il constitue un acheminement
vers les stades évolutifs dont nous aurons tout à l'heure à constater l'existence chez un grand nombre de types. Nous allons

d'ailleurs le trouver encore plus prononcé chez les diverses espèces de Bœhmeria.

Dans une feuille adulte de *Bœhmeria nivea* Hook., l'épiderme
est formé par de grosses cellules presque cubiques dont quelques-unes contiennent des cystolithes globuleux suspendus par
un assez long pédicule. Ces cellules cystolithiques ne sont pas
notablement plus grosses que les autres éléments épidermiques
et ne dépassent leur niveau ni à l'extérieur ni vers le parenchyme. Si l'on examine des feuilles très jeunes de cette espèce,
on voit que certaines cellules épidermiques (celles qui devront
plus tard contenir les cystolithes) prennent un développement
assez considérable : ce développement porte surtout sur leur face
externe, qui fait bientôt au-dessus de l'épiderme une saillie
conique assez prononcée, comme une sorte de papille. Il y a là
quelque chose qui ressemble à l'ébauche d'un poil, mais cette
formation conserve toujours des contours arrondis qui empêchent
de la confondre avec toute autre formation trichomatique. En
même temps, cette face externe ainsi développée subit un épaississement assez considérable, et bientôt on voit apparaître en
son centre un prolongement cellulosique qui deviendra le point
de départ du cystolithe. Ce prolongement atteint une longueur
assez grande et son extrémité ne commence à se renfler que
lorsqu'elle a atteint à peu près les trois quarts de la hauteur de
la cellule, et qu'elle se trouve portée au-dessous du niveau des
cellules épidermiques ordinaires. Le renflement cellulosique et
l'incrustation calcaire se produisent à son extrémité, comme dans
les cas précédents, et, sur une feuille encore assez jeune, les
éléments cystolithiques prennent l'aspect représenté fig. 11
(Pl. III). A mesure que les corpuscules grossissent et approchent
de leurs dimensions définitives, la paroi externe de la cellule qui
les contient se réduit de plus en plus ; sa saillie devient plus faible, et en même temps le pédicule se raccourcit de façon à
maintenir le cystolithe toujours à la même hauteur. Dans une
feuille complètement développée, les cellules cystolithiques ne
diffèrent plus, nous l'avons vu, des autres éléments épidermi-

6

ques (fig. 12, Pl. III). Le développement des cystolithes chez *Bœhmeria nivea* Hook. suit exactement les mêmes phases [1].

§ III. *Développement des cystolithes dans les autres groupes d'Urticinées.*

Les familles des Morées, Cannabinées, Artocarpées, Ulmacées et Celtidées, qui sont étroitement alliées à celle des Urticées et forment avec elle le groupe des Urticinées de Brongnart, nous offrent, au point de vue qui nous occupe, des faits d'un haut intérêt qui viennent jeter une vive lumière sur la signification morphologique des cystolithes.

L'une de ces familles, celle des Morées, nous présente, chez quelques-uns de ses membres, des formations cystolithiques qui, par leur aspect, leur constitution et leur mode de développement, ne diffèrent pas sensiblement de celles des Urticées. Les cystolithes des Ficus, et notamment de *Ficus elastica* Roxb., ont été les premiers décrits par Meyen, et c'est sur eux qu'ont porté le plus grand nombre des observations. Leur structure a été décrite bien des fois, et leur développement est parfaitement connu grâce aux travaux de Schacht.

Les fig. 1 et 2 (Pl. IV) représentent deux de ces formations dans l'épiderme supérieur d'une feuille adulte de *F. elastica*. On retrouve d'ailleurs exactement les mêmes dispositions dans les feuilles de *F. macrophylla* Desf., ou de *F. rubiginosa* Desf. ; de plus, j'ai pu constater que dans ces deux espèces le mode de développement est absolument identique à celui décrit chez *F. elastica*. Dans les feuilles très jeunes non encore déroulées et protégées par les stipules, l'épiderme est constitué par une rangée de cellules très allongées perpendiculairement à la surface et pourvues d'une épaisse cuticule; tandis que la plupart de ces

---

[1] Il semblerait que Schacht n'a pas examiné une feuille entièrement développée, lorsqu'il signale dans cette dernière espèce la forme spéciale des cellules cystolithiques, qu'il assimile à des poils. (Voir H. Schacht, *loc. cit.*, pag. 152 et 153 fig. 13.)

cellules se divisent par des cloisons transversales pour former un épiderme à plusieurs couches, quelques-unes demeurant indivises et leur paroi externe s'épaissit fortement; bientôt cette paroi fait, dans la cavité cellulaire, une saillie qui s'allonge de plus en plus et dont l'extrémité se renfle en massue. En même temps la cellule cystolithique s'accroît fortement en largeur et en hauteur, refoulant devant elle latéralement les autres cellules de l'épiderme et au-dessous les cellules du mésophylle (fig. 3, 4, 5 et 7, Pl. IV). L'extrémité renflée du prolongement cellulosique devient alors le centre d'une abondante formation de cellulose qui se dispose en couches concentriques (fig. 6 et 8, Pl. IV) et ne tarde pas à s'incruster de carbonate de chaux. Le cystolithe atteint ainsi son état définitif (fig. 1, 2, 9, Pl. IV).

Pendant que ces phénomènes se produisent à l'intérieur de la cellule cystolithique, les autres éléments de l'épiderme se divisent par des cloisons transversales pour constituer un épiderme à plusieurs couches (fig. 4, Pl. IV). Bientôt, par suite de l'activité de cette segmentation, les éléments épidermiques qui entourent la partie supérieure de la cellule cystolithique pressent contre cette dernière et tendent à s'insinuer au-dessus d'elle, en la refoulant vers le bas. On voit dans les fig. 5 et 7 le commencement de ce phénomène : la cellule cystolithique, dont les parois latérales étaient primitivement rectilignes, s'arrondit de manière à ce que les cellules épidermiques a a puissent pénétrer comme des coins dans l'espace ainsi laissé libre. Ce phénomène continuant, les cellules épidermiques ne tardent pas à se rejoindre au-dessus de la cellule cystolithique, qui, dès maintenant, semble appartenir à la première couche de renforcement de l'épiderme. Les cellules épidermiques, placées d'abord à la périphérie de l'élément cystolithique et douées d'un accroissement à peu près égal, ont dû se rejoindre à peu près au-dessus du centre de la cellule cystolithique (au point où vient s'insérer le pédicule) et former autour de ce point une sorte d'étoile. C'est en effet ce qui arrive dans tous les Ficus à feuilles lisses dont les cystolithes adultes se trouvent dans les couches de renforcement, et Meyen avait déjà remarqué ce fait pour *Ficus elastica* Roxb., en faisant observer que l'insertion du pédicule se trouve toujours au-dessous du point où plusieurs cellules «de l'épiderme se touchent en forme de rayons [1] ».

Ce phénomène peut, dans un grand nombre de cas, se reproduire plus tard pour la première couche de renforcement, qui passe à son tour au-dessus de la cellule cystolithique, de sorte que celle-ci, qui est en réalité d'origine épidermique, paraît appartenir seulement à la deuxième couche de renforcement de l'épiderme.

Mais si ces diverses espèces de Ficus nous offrent un mode de développement des cystolithes conforme à ce qui a été décrit jusqu'à maintenant comme le cas général, d'autres espèces appartenant au même genre s'écartent de la règle et présentent des phénomènes qui se rapprochent davantage de ce que nous trouvons dans les autres représentants du groupe des Urticinées. Il convient de décrire tout d'abord ce qui se produit dans les feuilles de *F. carica* Lin.

L'épiderme, dans cette espèce, est formé d'une seule couche de cellules munies extérieurement d'une cuticule peu épaisse. Sur les deux faces, et notamment à la face inférieure, on rencontre des cystolithes globuleux, irrégulièrement mamelonnés, qui font saillie à l'intérieur d'une cellule épidermique considérablement accrue et dont les deux tiers inférieurs sont plongés au milieu des cellules du mésophylle (fig. 10, Pl. IV). Le cystolithe est suspendu à la paroi de la cellule par un pédicule assez étroit et court. Tout cet ensemble ne fait aucune saillie au-dessus des cellules épidermiques; quelquefois même la cellule cystolithique est légèrement déprimée.

A côté de ces cystolithes complètement formés, on en rencontre d'autres, très nombreux, qui n'en diffèrent qu'en ce que la paroi externe de la cellule qui les contient se prolonge en un petit appendice conique en forme de poil ; cet appendice peut être fort

---

[1] *Loc. cit.*, pag. 262.

peu développé (fig. 11, Pl. IV) ou atteindre au contraire des dimensions assez considérables (fig. 12). Il faut rapprocher ce fait de celui que Weddel signale et figure dans *F. montana* Burm. [1].

Sur la même feuille et mêlés aux formations précédentes, on trouve des poils véritables dont la cavité est occupée par des formations qu'il est impossible de ne pas identifier avec les cystolithes que nous avons vus jusqu'à maintenant. En effet, toute la cavité du poil, dans la partie qui fait saillie au-dessus de l'épiderme, est occupée par un dépôt de cellulose incrustée de calcaire, dont il est très facile de voir la disposition en couches superposées (fig. 13 et 14, Pl. IV). Le bulbe du poil, qui possède des dimensions assez considérables et qui empiète beaucoup sur les cellules du mésophylle, est en partie rempli par le prolongement inférieur de ce dépôt, qui abandonne ici les parois pour faire librement saillie dans la cavité, où il prend une forme globuleuse.

Il est possible de voir encore, sur les deux faces de la feuille de *F. carica*, d'autres poils beaucoup plus développés que les précédents, représentés fig. 15, 16, et 17 (Pl. IV). Leur longueur est beaucoup plus considérable et leur largeur moindre; les parois sont généralement plus minces; le dépôt qui remplit leur cavité, formé de cellulose presque pure et fort peu chargée de calcaire, ne fait, à l'intérieur du bulbe, qu'une saillie peu considérable et qui conserve la même largeur que le reste du dépôt sans se dilater en une extrémité globuleuse. Le bulbe lui-même, beaucoup moins développé que dans le cas précédent, dépasse très légèrement, ou même pas du tout, le niveau inférieur des cellules épidermiques et n'empiète par conséquent que très peu sur les cellules du mésophylle.

Il y a donc, entre les deux états extrêmes représentés fig. 10

---

[1] *Ann. des Sc. nat., Bot.*, sér. 4, vol. II, pag. 268 (note); pl. XVIII, fig. 2. Schacht a décrit le même fait dans *Ficus australis* Willd; on voit en ce point, dit-il, « une petite élévation, formant en quelque sorte la pointe d'un poil, comme si la cellule avait tenté de former un poil ». *Loc. cit.*, pag. 137, fig. 1-5.

et 17, toute une série de transitions que l'on peut considérer comme les divers stades du développement d'une même formation; le poil primitif, déjà incrusté de calcaire, se résorberait peu à peu, tandis que les dimensions du bulbe augmenteraient en proportion, ce dernier atteignant son entier développement lorsque la partie externe du poil a complètement disparu. Quant à la masse du cystolithe, elle se formerait aux dépens du dépôt qui remplit la cavité du poil, et qui, très abondant au début dans la partie externe de celui-ci, se résorberait peu à peu, en même temps que sa partie inférieure prendrait, à l'intérieur du bulbe, un développement de plus en plus considérable. Il est assez difficile de voir dans *F. carica* comment la partie supérieure de ce dépôt s'amincit et se façonne, pour constituer le pédicule du cystolithe. On peut cependant, dans certains cas, remarquer, entre la portion supérieure logée dans la cavité du poil et l'inférieure qui pend dans le bulbe, un étranglement plus ou moins accusé qui paraît être le premier indice de cette formation; cet étranglement est bien visible dans les fig. 15 et 16. Il peut cependant souvent ne se former que beaucoup plus tard; le poil représenté fig. 14 n'en présente pas encore de traces, et c'est à peine s'il est indiqué dans celui de la fig. 13. Mais nous pourrons voir la formation du pédicule plus nettement indiquée dans d'autres cas, notamment dans *F. repens*, Will., Roxb.; le développement des cystolithes des Celtis et des Morus nous en fournira également de très bons exemples.

Il convient de dire encore que, si l'on examine des feuilles de *F. carica* L. de plus en plus jeunes, on voit disparaître les cystolithes complètement formés, qui sont déjà relativement peu nombreux dans la feuille adulte. Les poils, au contraire, deviennent de plus en plus abondants et se rapprochent d'autant plus des formes indiquées fig. 15, 16 et 17, que la feuille examinée est plus jeune. Sur un de ces organes qui commence à peine à se développer, on ne trouve que des poils dans lesquels le dépôt cellulosique n'a même pas encore commencé à se former. Enfin, à aucune période du développement de la feuille, on ne trouve dans l'épiderme de formations semblables à celles représentées fig. 4, 5, 6, 8 et 9 (Pl. IV), qui, chez *F. macrophylla* Desf. et *rubiginosa* Desf., correspondent aux premiers états de développement des cystolithes.

Le dépôt siliceux, d'ailleurs peu abondant, qui incruste le cystolithe, n'apparaît dans *F. carica* L. qu'au moment où le poil est presque entièrement résorbé et où le cystolithe a à peu près acquis sa forme définitive.

Dans l'inflorescence de *F. carica* L., les formations cystolithiques n'existent que dans l'épiderme extérieur du réceptacle. Ces formations, dans une figue complètement mûre, se présentent sous forme de très petits poils (fig. 18, Pl. IV), profondément enfoncés au-dessous des cellules épidermiques et dont les parois ont une épaisseur relativement considérable. Dans la cavité de ces poils, se trouve un petit dépôt cellulosique, faiblement incrusté de calcaire, qui n'est attaché à la paroi que par la partie supérieure, et qui, complètement libre sur toutes ses autres faces, pend dans la cavité du bulbe. Sur des figues de moins en moins développées, ces poils prennent toute la série des formes représentées fig. 19 à 22 (Pl. IV). Ils sont plus longs, à parois plus minces, le dépôt de cellulose qui remplit la cavité est moins considérable et demeure en contact avec les parois, sa surface inférieure seule étant libre. Ce dépôt disparaît même complètement dans les poils très jeunes, qui sont beaucoup plus développés.

Je n'ai jamais vu, sur des fruits complètement mûrs, de formations cystolithiques plus avancées que celle représentée fig. 18 (Pl. IV). Ceci n'a rien d'ailleurs qui doive nous étonner, et nous verrons que, dans les diverses parties de la fleur ou du fruit qui peuvent présenter des formations cystolithiques, ces dernières, chez quelque espèce qu'on les considère, sont presque toujours peu développées ; elles s'arrêtent à un stade généralement assez peu avancé de leur évolution, sans atteindre leur état définitif.

Le développement des cystolithes s'opère de la même façon dans un autre Ficus, *F. repens* Willd., Roxb., qui nous offre à considérer un stade intéressant, celui de la formation du pédicule.

Dans la feuille adulte, on trouve au milieu des cellules soulevées en forme de papilles de l'épiderme inférieur quelques grandes cellules dont la paroi externe demeure plane et qui, plongées au milieu du parenchyme vert, contiennent à leur intérieur un cystolithe parfaitement caractérisé. La fig. 1 (Pl. V) représente une de ces formations. En observant des feuilles jeunes, on trouve toute une série de formations qui correspondent à celles déjà décrites dans *Ficus carica*. Les poils, ici, sont seulement beaucoup plus courts ; la fig. 3 (Pl. V) en représente un dont l'intérieur est déjà occupé par un abondant dépôt de cellulose incrustée de calcaire ; la partie inférieure de ce dépôt forme une saillie considérable dans le bulbe. Plus tard, à mesure que le poil se résorbe, la partie supérieure tend de plus en plus à se séparer des parois, en même temps que les granulations calcaires qui l'incrustaient disparaissent dans cette région, pour devenir plus grosses et plus abondantes dans la partie inférieure très développée. Le poil représenté fig. 2 (Pl. V) est parvenu à ce stade : il est facile d'y voir un état intermédiaire entre la formation trichomateuse primitive et le cystolithe définitif ; il suffira, pour constituer le pédicule de celui-ci, d'un rétrécissement un peu plus considérable de la portion supérieure du dépôt cellulosique, qui plus tard présentera l'aspect de la fig. 1.

L'existence, dans des espèces appartenant à un même genre, de deux processus si différents pour la constitution de formations cystolithiques analogues indique qu'il doit y avoir entre ces processus des relations étroites. On peut considérer le premier, celui décrit dans *F. elastica*, *macrophylla* et *rubiginosa*, comme une abréviation, une condensation de l'autre. Déjà, dans *F. repens*, le poil primitif est beaucoup moins développé que dans *F. carica* : on peut admettre que, dans *F. elastica*, ce poil ne se développe pas et n'est plus représenté que par l'épaississement de la paroi cellulaire, qui précède l'apparition du cystolithe ; ces épaississements correspondraient en même temps au dépôt cellulosique qui obstrue entièrement toute la cavité de la formation trichomateuse primitive. Il est d'ailleurs possible, en examinant ce qui se passe chez les *Celtis*, de voir comment a pu s'effectuer cette abréviation des stades de développement de la formation cystolithique ; nous trouverons en effet dans *Celtis australis* Lin. et *occidentalis* Lin. des cystolithes développés aux dépens de poils encore beaucoup plus réduits que ceux de *Ficus repens* ; plusieurs des états que traversent successivement ces formations sont d'ailleurs intermédiaires entre les deux groupes de faits qui viennent d'être décrits dans les diverses espèces de Ficus.

L'épiderme des feuilles adultes des *Celtis australis* et *occidentalis* est formé, à la face supérieure, par des cellules polygonales dont quelques-unes, plus grandes, se réunissent par leurs sommets pour former une sorte de rosette. C'est au niveau du point de jonction de ces cellules que vient s'insérer le pédicule d'un cystolithe globuleux (fig. 4, Pl. V). Cet épiderme est en outre pourvu de longs poils à cavité incrustée de calcaire, sur lesquels nous aurons à revenir plus loin. Sur une coupe de la feuille, on voit que les cystolithes, soutenus par un pédicule assez long et mince, sont contenus à l'intérieur d'une cellule légèrement déprimée au-dessous des autres cellules épidermiques et qui s'enfonce profondément au milieu du parenchyme en palissade. Quelques-unes de ces cellules, un peu moins avancées dans leur évolution, ont encore leur paroi externe pourvue d'un appendice conique qui représente les restes d'un poil résorbé (fig. 5 et 6, Pl. V). Il est facile de suivre, sur des feuilles à divers états de développement, les différentes formes que revêtent successivement ces cystolithes. Ces formes sont représentées fig. 7 à 12 (Pl. V). On voit que, au début (fig. 12), la formation cystolithique se présente sous l'aspect d'un poil très peu développé, dont le bulbe dépasse à peine les dimensions des cellules épidermiques environnantes, tandis que la partie saillante est à peine un peu plus haute que large. Les parois de ce poil sont assez épaisses et la cavité en est occupée, dans sa partie supérieure, par un très faible dépôt de cellulose qui n'atteint pas le niveau du bulbe. Dans le poil représenté fig. 11, et qui est parvenu à un état un peu plus avancé, la saillie externe est encore beaucoup moins considérable; dans toute cette partie externe du poil, les parois ont augmenté d'épaisseur; la cavité du bulbe s'est accrue considérablement et comprime les cellules du parenchyme, au milieu desquelles s'enfonce toute sa moitié inférieure. Par suite de la réduction de la partie saillante du poil, le dépôt cellulosique qui en occupait la cavité sans avoir pris un développement considérable se trouve porté vers le bas et fait maintenant saillie dans le bulbe; un faible étranglement indique déjà le point où se formera le pédicule du cystolithe. On remarquera qu'ici le dépôt cellulosique est attaché, non pas à la pointe même du poil, mais sur une des parois latérales; le même fait est indiqué fig. 10. A ce moment, la partie du poil qui fait encore saillie à l'extérieur modifie ses contours : la pointe s'émousse et le poil tout entier perd son aspect primitif, pour prendre plutôt celui d'une cellule très développée qui ferait saillie au-dessus de l'épiderme; la paroi externe de cette cellule demeure fortement épaissie; le cystolithe qu'elle contient se façonne : on y distingue un pédicule encore assez épais et une tête arrondie, où commencent à se déposer quelques granulations calcaires; la fig. 8 représente un cystolithe parvenu à ce stade; celui représenté fig. 7 est presque à son état définitif; la saillie de la cellule qui le contient est devenue très faible; la paroi externe s'est amincie, et il suffira maintenant du développement du corps du cystolithe pour l'amener à l'état représenté fig. 5. Quelquefois cependant, les choses peuvent se passer d'une façon un peu différente : c'est ainsi que le poil représenté fig. 9, quoique ayant subi une réduction considérable, n'a pas perdu sa forme primitive; il passera probablement par un état semblable à celui de la fig. 6, pour ne perdre qu'au dernier moment les traces de son origine trichomatique.

Il est aisé, en considérant certains des états que traverse, dans sa formation, le cystolithe de *Celtis occidentalis*, et notamment ceux que représentent les fig. 7, 8 et 9, de concevoir comment une légère abréviation de ce processus peut correspondre à

celui que suivent, dans leur évolution, les cystolithes de *Ficus
elastica*. Les faits essentiels sont les mêmes : épaississement de
la paroi externe de la cellule cystolithique; formation, aux dépens
de cette paroi épaissie, d'un prolongement cellulosique qui fait
saillie dans la cavité cellulaire et devient le point de départ de la
formation cystolithique ; développement de la cellule qui s'enfonce profondément dans le parenchyme sous-jacent. La seule
différence consiste en ce que, dans *Ficus elastica*, la paroi externe de la cellule cystolithique demeure toujours au niveau des
autres cellules épidermiques, tandis que, dans *Celtis occidentalis*,
elle fait au-dessus de l'épiderme une faible saillie qui disparaît
plus tard. Il est possible d'ailleurs de diminuer encore cette
différence, car nous devons nous rappeler que, dans les Bœhmeria, la cellule cystolithique, que l'on ne peut pas hésiter à considérer comme l'homologue de la cellule cystolithique des autres
Urticées et des Ficus, fait, aux premiers moments de son développement, une saillie prononcée au-dessus de l'épiderme.

J'ai déjà signalé l'existence, dans l'épiderme des Celtis, de longs
poils incrustés de calcaire, qui se trouvent en nombre assez
considérable à côté des cystolithes. A l'état adulte, ces poils,
dont l'un est représenté fig. 4, sont assez gros et à parois épaisses;
leur cavité, très restreinte, n'atteint pas la moitié de la hauteur
et est occupée, dans sa partie supérieure, par un dépôt de cellulose régulièrement stratifié et incrusté de calcaire. Le bulbe du
poil est entièrement libre. Sa base est entourée par une quinzaine de cellules assez allongées figurant une sorte de rosette,
et dont les parois attenantes à la base du poil, comme les parois
latérales, sont fortement épaissies ; au contraire, les parois externes, qui sont en contact avec les autres cellules épidermiques, ne
sont pas plus épaisses que celles de ces derniers éléments. La
cavité de ces cellules en rosette est en partie comblée par un dépôt cellulosique incrusté de carbonate de chaux, qui occupe à
peu près la moitié de la cavité, dans la partie la plus rapprochée
de la base du poil. Ces dépôts cellulosiques se montrent formés
de zones superposées qui s'organisent autour d'un centre placé

le plus près possible du poil. L'incinération montre que ces formations sont le siège d'un assez abondant dépôt de silice qui se localise dans les parois externes épaissies du poil ; la base, ainsi que les cellules en rosette qui l'entourent, est dépourvue de formations siliceuses.

On peut facilement suivre le développement de ces poils. D'abord dépourvus de chaux et de silice, entourés à la base par des cellules qui ne diffèrent pas sensiblement des autres cellules épidermiques, ils sont pourvus de parois minces et brillantes, et leur cavité est absolument libre. Plus tard, les parois s'épaississent, d'abord au sommet du poil, puis de proche en proche jusqu'à la base, et la cavité commence à s'obstruer ; le dépôt de cellulose mêlée de calcaire apparaît d'abord dans la cavité même du poil, près du sommet, et plus tard seulement dans les cellules en rosette. La silice ne se dépose qu'en dernier lieu dans l'épaisseur des parois.

Nous ne devons pas insister sur ce fait ; il suffit de le mentionner en passant. Nous aurons plus tard à le rapprocher de ce que nous offriront un grand nombre des types que nous avons encore à examiner.

L'étude du développement des cystolithes dans les deux genres Ficus et Celtis nous a permis de voir toutes les transitions qui existent entre le processus formatif des cystolithes des Urticées et celui des cystolithes de certains Ficus ; c'est à ce dernier type que se rattachent le plus grand nombre des faits que nous offrent à considérer les familles des Morées, Cannabinées, Artocarpées, Ulmacées et Celtidées. Aussi, dans les représentants de ces familles qui nous restent à passer en revue, ne trouverons-nous plus que des cystolithes bien développés, mais dont l'apparition est toujours précédée de celle d'un poil parfaitement caractérisé, souvent même seulement des poils chargés de carbonate de chaux, mais qui n'arrivent jamais à l'état de cystolithes.

Nous examinerons d'abord ces formations dans *Morus alba* L., où il m'a été possible de suivre pas à pas leur évolution.

Une feuille très jeune de *Morus alba* L., atteignant à peine une longueur de 8 millim., est couverte, à la face supérieure, de poils très allongés et renflés à la base, qui est encastrée entre les cellules épidermiques. La vaste cavité de ces poils est entièrement occupée, à la partie supérieure, par une masse cellulosique formée de couches successives et chargée de carbonate de chaux. Au niveau du renflement basilaire, cette masse se détache des parois du poil et fait une légère saillie dans la cavité (fig. 14, Pl. V). Sur une feuille plus avancée et atteignant une longueur de 35 millim., on retrouve les mêmes poils, fortement modifiés toutefois dans leur aspect : en effet, tandis que leur longueur a diminué dans une assez forte proportion (fig. 15, Pl. V), ils se sont notablement renflés et paraissent beaucoup plus gros proportionnellement ; leurs parois ont subi un épaississement assez considérable vers l'extrémité, qui maintenant est pleine sur une certaine longueur. La masse cystolithique s'est détachée des parois sur une étendue plus considérable et forme actuellement, dans la cavité du poil, une saillie en massue, adhérente seulement par son extrémité supérieure. Les couches concentriques y sont toujours très apparentes et l'action des acides montre que la quantité de carbonate de chaux qu'elle contient a augmenté dans de fortes proportions. Les cellules épidermiques qui entourent la base du poil se sont élevées au-dessus du niveau de l'épiderme. Elles forment ainsi une saillie assez considérable et enserrent plus profondément le bulbe, qui, d'autre part, s'est accru et refoule légèrement les cellules du parenchyme avec lesquelles il se trouve en contact. Il faut noter, en outre, que l'extrémité du poil, qui à un état plus jeune était légèrement recourbée, se trouve ici fortement déjetée sur le côté, presque à angle droit. A un état encore plus avancé (sur une feuille longue de près de 5 centim.), les poils sont presque entièrement globuleux. Leur base seule s'est développée ; l'extrémité s'est au contraire résorbée en partie et forme, tantôt un prolongement creux entièrement déjeté sur le côté (fig. 17, Pl. V), tantôt même, à un stade un peu plus avancé, un simple appendice plein qui, d'abord assez considérable (voir le poil de gauche dans la fig. 16, Pl. V), se réduit de plus en plus (fig. 18, Pl. V) et peut devenir tout à fait rudimentaire (fig. 16, Pl. V, cystolithe de droite). En même temps, la région basilaire du poil, en s'accroissant, a déprimé plus ou moins fortement devant elle la couche des cellules en palissade (fig. 16 et 18, Pl. V), de sorte que, tant par suite de ce fait que de la réduction de la pointe et de la croissance des cellules épidermiques, le poil se trouve maintenant très profondément enfoncé au-dessous de l'épiderme, sa moitié supérieure seulement faisant saillie à l'extérieur. La masse cystolithique est encore plus complètement isolée que dans les stades précédents. Son point d'attache, qui n'est plus à l'extrémité du poil, mais un peu sur le côté, au point culminant de la cavité, s'est rétréci de manière à constituer un véritable pédicule, qui supporte une masse globuleuse ou tendant à le devenir. La proportion de carbonate de chaux semble avoir encore augmenté, et l'on voit, dans quelques cas, des concrétions distinctes qui masquent la structure concentrique de la masse de cellulose.

Un poil pris sur la même feuille (fig. 19, Pl. V), mais encore plus avancé, était complètement globuleux ; son extrémité effilée avait entièrement disparu et n'était plus représentée que par un épaississement plus considérable de la paroi au niveau du point d'attache du cystolithe. Ce dernier, attaché par un pédicule encore assez large, montrait des concrétions calcaires nettement distinctes, et sa forme, complètement globuleuse, indiquait même une tendance à la séparation de la masse en lobes distincts.

De ces formes à celle du cystolithe parfait, que l'on trouve dans les feuilles adultes, il n'y a pas loin, et l'on peut aisément concevoir la transformation d'un poil, tel que ceux que nous venons de décrire, en un cystolithe complètement développé ; les fig. 20 et 21 (Pl. V) représentent deux de ces corps, chargés de concrétions distinctes, partagés en plusieurs lobes et suspendus par un mince pédicule, au centre d'une vaste cellule ; cette dernière, profondément enfoncée au centre du parenchyme vert, ne fait plus saillie au-dessus de l'épiderme ; celle représentée fig. 21 (Pl. V) est même légèrement déprimée au-dessous du niveau des cellules épidermiques. Il faut attribuer ce fait surtout à l'accroissement de ces derniers éléments, qui ont considérablement gagné en hauteur et dont quelques-uns même se sont divisés par une cloison transversale.

L'inspection des figures qui représentent les divers états de formations des éléments cystolithiques ne permet pas de considérer les cellules qui les contiennent autrement que comme le bulbe considérablement développé des poils primitifs.

L'incinération dénote la présence, dans la masse des cystolithes adultes, d'une petite quantité de silice; mais il m'a été impossible de voir nettement à quelle époque apparaît cet élément. Il semble cependant ne se déposer dans la masse cellulosique que dans la dernière période de l'évolution du cystolithe

Les fruits de *Morus alba* sont pourvus, sur toute leur surface épidermique, de formations cystolithiques, mais qui se sont arrêtées dans leur développement et demeurent toujours à l'état de poils. Sur un fruit complètement mûr, ces poils sont relativement peu nombreux dans la région basilaire de chaque drupéole et rappellent comme forme et comme constitution, quoique avec des dimensions beaucoup plus réduites, ceux représentés fig. 15 et 16 (Pl. V). A mesure que l'on se rapproche du sommet de la drupéole, les formations trichomatiques deviennent de plus en plus nombreuses et se présentent en même temps sous des états moins avancés. Au sommet, elles appartiennent à la forme représentée fig. 14 (Pl. V). En aucun point du fruit, il n'y a de formations cystolithiques plus complètement évoluées.

Tous les faits qui viennent d'être décrits pour *Morus alba* peuvent s'appliquer sans aucune modification à *M. nigra* Lin. et *rubra* Lin.

Dans la famille des Cannabinées, les cystolithes, qui se constituent, nous le verrons, de la même façon que ceux des Morus, en diffèrent un peu, à l'état adulte, par la réduction considérable du pédicule, le cystolithe paraissant directement appliqué contre la membrane cellulaire et par la disposition des granulations de carbonate de chaux, qui sont ici beaucoup plus petites et ne

déterminent pas la formation, à la surface de la masse cystolithique, de protubérances et de saillies plus ou moins irrégulières.

Les fig. 22 à 24 (Pl. V) représentent trois états successifs du
développement d'un cystolithe de *Cannabis sativa* Lin. Sur une
feuille jeune (fig. 22), la formation cystolithique a l'aspect
d'un poil conique, assez gros et court, dont le bulbe, déjà très
développé, s'enfonce au milieu du parenchyme vert. La cavité
de ce poil est occupée par un dépôt cellulosique à couches concentriques assez apparentes, chargé de carbonate de chaux, qui
remplit exactement tout le poil et fait, dans le bulbe, une saillie
assez prononcée. A un stade un peu plus avancé (fig. 23), le poil
s'est résorbé en grande partie : il ne fait plus, au-dessus de
l'épiderme, qu'une saillie assez faible et ses parois se sont assez
fortement épaissies ; la masse cystolithique s'est en même temps
détachée des parois, en prenant une forme globuleuse, et n'est
plus en contact avec le poil que par sa partie supérieure ; la
quantité de carbonate de chaux qu'elle contient est un peu plus
considérable, mais ne forme pas des granulations appréciables. A
l'état adulte, enfin (fig. 24), le poil est à peu près complètement
résorbé ; la cellule cystolithique forme seulement, au-dessus de
l'épiderme, une légère proéminence arrondie. Le cystolithe vient
s'insérer en ce point par un pédicule cellulosique très large, peu
distinct de la masse même du cystolithe. Cette dernière, quoique
assez fortement chargée de carbonate de chaux (c'est ce que
prouve l'action des acides), ne montre pas de granulations calcaires bien distinctes, et laisse voir encore assez nettement les
couches concentriques qui la constituent.

Il est difficile de considérer ces formations autrement que
comme des cystolithes véritables, analogues à ceux précédemment
décrits, mais qui se seraient arrêtés un peu plus tôt dans leur
évolution, avant que le pédicule ait eu le temps de prendre la
forme qu'il revêt dans les cystolithes complètement développés de
Ficus, de Celtis, ou de Morus. En somme, ces formations seraient
assez exactement les homologues du cystolithe de *Morus alba*,

encore incomplètement développé, représenté (fig. 19, Pl. V).

Les mêmes faits peuvent s'observer chez *Humulus lupulus* Lin. : la feuille adulte est couverte, surtout à la face supérieure, d'un grand nombre de formations cystolithiques à divers degrés de développement. Les unes (fig. 25 *a*, Pl. V) se présentent sous forme de poils assez gros et courts, à parois épaisses, dont la cavité est occupée par un dépôt cellulosique mêlé de calcaire, qui fait une très forte saillie dans la cavité du bulbe ; ce dernier est encore assez peu développé et ne dépasse guère le niveau inférieur des cellules épidermiques. La base de ce poil est entourée d'une rangée de cellules épidermiques, formant une sorte de rosette, dont la disposition est très bien indiquée par la fig. 30 (Pl. V), qui représente le squelette siliceux d'un de ces poils. La cavité de ces cellules en rosette, dans la partie qui touche à la base du poil, est occupée par un faible dépôt cellulosique, également incrusté de calcaire. Ce dépôt, à mesure que le poil se développera, va prendre une importance de plus en plus considérable et occuper enfin toute la cavité de la cellule. Cette disposition, isolée dans le groupe des Urticinées, est importante à noter, car nous la retrouverons d'une façon constante dans les formations que nous aurons à décrire plus loin chez les Borraginées.

En *b* (fig. 25, Pl. V), le poil cystolithique s'est déjà en partie résorbé. Sa cavité a presque entièrement disparu, et le bulbe a pris un accroissement assez considérable, s'enfonçant au milieu du parenchyme sous-jacent ; la masse cystolithique, qui a suivi l'accroissement du bulbe, est encore fixée aux parois du poil par une très large base. Les fig. 26 et 27 (Pl. V) nous montrent deux états encore plus avancés ; le poil est ici réduit à une très faible excroissance conique, sans traces de sa cavité primitive. La masse cystolithique a fortement arrondi ses contours, tandis que son point d'attache s'est un peu localisé en devenant plus étroit. Cependant, dans la fig. 26, le bulbe fait encore au-dessus de l'épiderme une saillie assez considérable, qui a disparu dans fig. 27.

Si les poils cystolithiques, à ces divers états de développement, sont très nombreux sur une feuille adulte d'*Humulus lupulus* L.,

7

il est beaucoup plus rare d'y rencontrer des formations analogues
à celle représentée fig. 28 (Pl. V). Ici, toute trace de poil a complètement disparu, et nous avons affaire à un cystolithe véritable
parvenu au même point de son évolution que le cystolithe de
Cannabis sativa L. Les cellules en rosette qui l'entourent ont
leur cavité entièrement obstruée par leur dépôt cellulosique et
calcaire, disposé en zones concentriques nettement apparentes.
Il n'y a pas lieu de s'étendre sur la description de ce cystolithe,
qui ne diffère de celui de *Cannabis sativa* L. que par la présence
des cellules en rosette.

La masse cystolithique contenue dans les poils, comme le dépôt
qui obstrue les cellules en rosette, fait une très vive effervescence
sous l'action des acides. Après ce traitement, la cavité du poil ne
contient plus qu'une masse cellulosique très peu apparente ; la
paroi de la base apparaît alors parsemée de petites ponctuations
brillantes qui correspondent à autant de proéminences. Le résidu
cellulosique est beaucoup plus abondant et plus apparent dans
les cellules en rosette ; on y voit très nettement la disposition en
couches concentriques, qui est déjà assez apparente avant le traitement par les acides.

L'incinération montre que la cuticule presque tout entière est
silicifiée, à l'exception des gros poils, dépourvus de calcaire,
dont la feuille est aussi couverte ; le dépôt de silice s'est étendu
sur toutes les cellules épidermiques, sans respecter leurs limites.
On peut cependant s'assurer que ce dépôt a toujours débuté
par les poils cystolithiques, et il n'est pas rare de rencontrer,
après l'incinération, des squelettes siliceux reproduisant exactement la forme d'un poil, tandis que tous les éléments environ-
nants ont disparu (fig. 29, Pl. V). D'autres fois (fig. 30), la silicification a envahi les cellules en rosette, sans dépasser leurs
contours ; mais, le plus souvent, elle ne s'arrête pas là et s'étend
sur toutes les cellules épidermiques environnantes.

Il faut encore rapporter à ce type de formations cystolithiques,
arrêtées avant leur complet développement, celles de la feuille
d'*Artocarpus incisa* Lin. fil. ; mais ici l'arrêt s'est produit encore

plus tôt, et, même sur des feuilles pleinement adultes, on ne trouve pas de formations analogues à celles représentées fig. 24 ou 28 (Pl. V), mais seulement des poils analogues à celui de la fig. 23 (Pl. V). Je n'ai eu à ma disposition que des feuilles adultes d'Artocarpus, de sorte que je n'ai pu suivre le développement de ces formations ; mais il y a tout lieu de croire qu'il ne s'écarte pas de celui décrit pour les types précédents. C'est probablement à ce fait que les feuilles observées étaient desséchées depuis longtemps, qu'il faut attribuer la pauvreté des poils cystolithiques en carbonate de chaux[1].

Dans certains cas, enfin, la formation cystolithique, arrêtée dans son développement, peut revêtir une forme sensiblement différente de ce qu'on observe généralement. C'est ainsi que, dans les feuilles d'*Ulmus campestris* Lin., ces formations prennent les aspects représentées Pl. VI, fig. 1 à 5.

Sur une feuille jeune, les deux faces sont couvertes de poils allongés, fortement renflés à la base, de manière à constituer un bulbe à peu près sphérique (fig. 1, Pl. VI). Toute la cavité du poil et une grande partie de celle du bulbe sont occupées par un dépôt cellulosique fortement chargé de carbonate de chaux. La base du poil est entourée d'une rosette de cellules polygonales, qui se distinguent des autres cellules de l'épiderme par l'épaisseur plus considérable de leurs parois (fig. 1, Pl. V)), et par leur saillie plus considérable (fig. 2, Pl. VI). L'incinération montre que ces cellules en rosette sont fortement silicifiées, bien que ne contenant pas de carbonate de chaux. Sur les feuilles un peu avancées, le dépôt de silice s'étend d'ailleurs, bien qu'en moindre proportion, à toutes les cellules épidermiques, n'épargnant que les poils, qui n'en montrent pas de traces.

---

[1] Les feuilles desséchées, conservées en herbier, et souvent même celles séparées depuis un jour ou deux de la plante, offrent, fréquemment des cystolithes très pauvres en sels calcaires. Ce fait ne se produit pourtant pas toujours, et des feuilles des Pilea et des Acanthacées conservées depuis longtemps en herbier m'ont montré des cystolithes inaltérés et dont les concrétions calcaires étaient encore nettement cristallisées, comme le démontrait l'examen à la lumière polarisée.

A un état un peu plus avancé, le poil se montre tel qu'il est représenté fig .2 (Pl. VI). La cavité s'est obstruée en grande partie et la moitié supérieure du trichome est maintenant pleine. Le dépôt de cellulose et de carbonate de chaux s'est réduit d'autant.

Sur une feuille adulte, à côté de formations analogues à celles qui viennent d'être décrites, s'en trouvent d'autres, représentées fig. 3 et 4 (Pl. VI). Ici, presque toute la cavité du poil s'est oblitérée et le poil lui-même s'est brisé, de manière que son bulbe seul, très développé, subsiste et ne fait plus qu'une saillie assez faible au-dessus de l'épiderme. Le dépôt cystolithique s'est maintenant étendu à toute la cavité du bulbe, qu'il remplit complètement.

Enfin, mais plus rarement, on rencontre sur l'épiderme de la feuille adulte des formations qui, comme celle de la fig. 5 (Pl. VI), n'offrent plus de traces de leur origine trichomatique. Toute la portion externe du poil s'est résorbée, et le bulbe seul persiste ; sa forme s'est légèrement modifiée, et il a l'aspect d'une cavité arrondie à la partie supérieure, terminée, au contraire, en pointe à la partie inférieure, encastrée entre les cellules en rosette qui l'entourent et exactement remplie par un dépôt calcaire, qui ne revêt pas ici une forme spéciale, indépendante de celle de la cavité qui la contient.

Les feuilles de *Broussonetia papyrifera* Vent. nous présentent encore des formations cystolithiques arrêtées dans leur développement, mais qui, au moins généralement, restent fixées dans une forme normale, sans subir une déformation analogue à celle qui frappe les poils d'*Ulmus campestris*.

Sur une feuille jeune, ces formations sont représentées par de longs poils minces, dont la base à peine dilatée est entourée d'une rangée de cellules en rosette assez étroites, et qui font une forte saillie au-dessus des autres cellules épidermiques. D'abord vide, la cavité de ce poil est plus tard obstruée par un dépôt cellulosique mêlé de carbonate de chaux, qui, partant de la pointe, finit par envahir toute la portion libre du poil, et même par faire une légère saillie à l'intérieur du bulbe.

Sur une feuille un peu plus avancée, le poil a subi des modifications assez considérables et se présente sous l'aspect représenté fig. 6 (Pl. VI) : dans toute la partie supérieure, la cavité, d'abord obstruée par le dépôt cellulosique et calcaire, mais encore visible, a maintenant tout à fait disparu ; dans cette région, on ne trouve plus qu'une masse pleine formée de cellulose pure, et, le plus souvent, la pointe est brisée. Dans la région inférieure, la cavité est encore visible et les parois du poil se distinguent nettement de la masse cystolithique ; cette dernière, dans la partie supérieure, est presque dépourvue de carbonate de chaux et la quantité de calcaire devient de plus en plus considérable, à mesure que l'on s'avance vers les parties inférieures. Le bulbe du poil s'est dilaté en s'arrondissant et est maintenant occupé par une masse cystolithique globuleuse entièrement séparée des parois et riche en calcaire Les cellules en rosette conservent leur forme primitive.

Plus tard (fig. 7, Pl. VI), le poil se réduit encore, par suite de la disparition de sa partie supérieure ; le bulbe s'est encore accru et la masse cystolithique est presque entièrement réduite au dépôt qui occupe ce bulbe. En même temps, les cellules en rosette qui entourent la base du poil se sont divisées par une cloison transversale, de manière à former une collerette à deux étages. Ces divisions continuent plus tard pour former un triple ou quadruple anneau de cellules qui, s'élevant fortement au-dessus de l'épiderme, enserrent profondément la base du poil (fig. 8, Pl. VI).

Jamais je n'ai vu les formations cystolithiques de *Broussonetia papyrifera* dépasser le stade qui vient d'être décrit et revêtir une forme plus rapprochée de celle d'un cystolithe normal. Encore faut-il remarquer que si ces formations, comme celles d'*Ulmus campestris*, perdent, en tout ou en partie, leur aspect primitif, cela tient, non à une résorption de la partie saillante du poil, comme cela se passe dans les autres types précédemment décrits, mais à la chute de cette partie, qui se détache accidentellement, selon toute probabilité.

Encore un grand nombre de poils de *Broussonetia papyrifera*
sont-ils loin d'atteindre cette forme. A la face supérieure des feuilles surtout, beaucoup s'arrêtent à l'état représenté fig. 8 (Pl. VI).
Ici, le poil, assez fortement élargi, a conservé sa longueur primitive et se termine par une pointe aiguë. Sa cavité, qui demeure
absolument distincte dans toutes ses parties, est occupée à la partie supérieure par une masse cellulosique incrustée de carbonate
de chaux, et le plus souvent en contact intime sur toute la longueur avec les parois. Il arrive souvent que, dans les poils de
cette dernière forme, on voit, outre cette masse, deux formations
cystolithiques pédiculées attachées de chaque côté aux parois
longitudinales. Quelquefois encore, la masse même qui occupe
le sommet du poil peut se séparer des parois, acquérir un pédicule et revêtir la forme d'un petit cystolithe analogue à ceux qui
occupent les parois latérales. Enfin et surtout à la face inférieure,
on voit souvent des poils dont la pointe est dépourvue de toute
formation de ce genre et dont la cavité est seulement occupée
par deux cystolithes latéraux. Ces divers faits, indiqués d'abord
par Sachs [1], ont été décrits et figurés par Karl Richter [2].

---

[1] Sachs, *Lehrbuch*, pag. 69.
[2] *Loc. cit.*, pag. 9, pl. I, fig. 5, 6, 7.

CHAPITRE III.

CYSTOLITHES ET AUTRES DÉPÔTS DE CARBONATE DE CHAUX DANS LES FAMILLES AUTRES QUE LES ACANTHACÉES ET LES URTICINÉES.

§ I. *Borrayinées.*

Les faits qui viennent d'être décrits dans le Chapitre précédent, et qui nous montrent les cystolithes des Urticinées comme provenant de la résorption et de la modification de poils primitifs, nous permettent de ne plus voir dans ces formations un accident isolé dans une famille végétale. Nous pouvons, au contraire, les rattacher directement à des productions très répandues chez les végétaux, les poils calcaires, et les considérer comme l'état le plus parfait, le plus évolué, de ces dépôts de carbonate de chaux qui se retrouvent dans un très grand nombre de plantes. Mon intention n'est pas de passer en revue toutes les formations de ce genre que nous offre le règne végétal, mais seulement de montrer, en étudiant un certain nombre de types, que des transitions nombreuses et des relations étroites existent entre la forme la plus simple, le poil dont les parois se recouvrent de ponctuations calcaires, et la plus complexe, c'est-à-dire le cystolithe parfait.

Un premier fait doit être signalé tout d'abord, c'est que les cystolithes proprement dits, dont la présence n'avait été signalée jusqu'ici que dans les Acanthacées et les Urticinées, se retrouvent chez des types n'appartenant pas à ces groupes. J'ai pu en trouver

1

chez trois espèces, *Tournefortia heliotropioides* Hook., *Tiaridium Indicum* Lin. et *Heliotropium Europeum* Lin., de la famille des Borraginées, famille où abondent les poils chargés de carbonate de chaux.

Sur une feuille adulte de *Tournefortia heliotropioides*, aussi bien à la face supérieure qu'à la face inférieure, on peut trouver toute la série des formations représentées fig. 9 à 13 (pl. VI). Les plus nombreuses sont des poils correspondant aux fig. 9 et 10 ; à leur état le moins avancé (fig. 9), ces poils ont leur cavité obstruée par un dépôt de cellulose disposé en couches stratifiées, qui fait dans le bulbe une forte saillie ; la partie inférieure de ce dépôt, principalement, est chargée d'une quantité assez considérable de carbonate de chaux et fait, avec les acides, une vive effervescence.

Le poil représenté fig. 10 est arrivé à un état un peu plus avancé et correspond aux formations les plus nombreuses : sa saillie extérieure est moins considérable, tandis que le bulbe a pris, au contraire, un grand développement et plonge au milieu du parenchyme sous-jacent. La masse cystolithique qui occupe la cavité de ce bulbe est reliée au dépôt cellulosique du poil, non plus par une large surface, mais par un col assez étroit, qui indique le commencement de la formation du pédicule ; la quantité de carbonate de chaux, qui est moins forte dans ce col et dans le dépôt cellulosique du poil, a, au contraire, considérablement augmenté dans la masse cystolithique inférieure.

Moins nombreuses sont sur ces feuilles les formations correspondant aux fig. 11 et 12, qui nous montrent les divers stades de la résorption du poil primitif, et à la fig. 13, qui représente un cystolithe parfait, ne conservant plus aucune trace de son origine trichomateuse. Cette dernière forme, surtout, est très peu fréquente ; je l'ai cependant trouvée un assez grand nombre de fois.

Il ne peut, lorsqu'on a vu ces diverses formations, subsister dans l'esprit aucun doute sur leur complète analogie avec les cystolithes des Urticinées. Soit à leur état adulte, soit pendant les diverses périodes de leur développement, les cystolithes de *Tournefortia heliotropioides* H. ne diffèrent en aucune façon de ceux d'un Ficus, *F. carica* L., par exemple. La seule distinction que l'on puisse invoquer est la rareté assez grande des formes définitives et l'abondance, même sur une feuille adulte, des états les plus jeunes ; mais nous avons vu que, chez *Ficus carica* L., les divers états pouvaient aussi se rencontrer sur la même feuille, et tout se réduit, en somme, à une question de nombre, qui n'influe en rien sur la signification morphologique que nous sommes en droit de donner à ces organes.

Des faits entièrement analogues nous sont offerts par une autre Borraginée, *Tiaridium Indicum* L., qui est pourvue de formations cystolithiques aussi bien caractérisées. Les fig. 14 à 17 (pl. VI) représentent ces formations, prises, la première sur une feuille assez jeune, les autres sur une feuille adulte.

Le poil primitif, d'abord formé par le développement d'une cellule épidermique et pourvu de parois très minces, commence à se remplir d'un dépôt de cellulose et de carbonate de chaux, lequel s'effectue d'abord à la pointe du poil, puis gagne de plus en plus vers la base (fig. 14). Plus tard (fig. 15), ce dépôt prend une importance toujours plus considérable et fait saillie dans la cavité du bulbe, qui s'agrandit elle-même considérablement. Les divers états par lesquels passe cette formation ne diffèrent pas de ceux que traversent les cystolithes de Tournefortia, et le résultat est la constitution d'un cystolithe parfait, représenté fig. 17 (pl. VI). Ici encore, il faut constater ce fait que, même sur une feuille adulte, les cystolithes parfaits sont très rares, tandis que ceux en voie de formation se montrent en quantité considérable. C'est probablement pour ce motif que ces formations intéressantes ont pu passer inaperçues, et qu'aucun observateur ne les a encore signalées.

Ainsi qu'on pouvait s'y attendre, le genre Heliotropium, si voisin du précédent, nous a offert des faits absolument semblables. Deux espèces de ce genre, *H. Peruvianum* L. et *H. Europeum* Lin., ont été examinées : dans la première, les deux faces de la feuille sont couvertes de poils correspondant très bien aux états jeunes de cystholithes de *Tiaridium Indicum* L., (fig. 15 et 16) ; quelques-uns même ont atteint des stades de développement un peu plus avancés, mais je n'ai pu en trouver aucun revêtant la forme d'un cystolithe parfait.

Ce dernier état au contraire se rencontre quelquefois dans les formations cystolithiques d'*H. Europeum* L.; mais, ici encore, plus peut-être que chez Tournefortia et Tiaridium, ce sont surtout les formes jeunes que l'on rencontre abondamment. Il faut noter que, dans cette espèce, la grande majorité des poils qui occupent la face supérieure de la feuille accusent une tendance plus ou moins prononcée vers la séparation en deux de leur masse cystolithique. Ce fait, fort apparent dans le poil représenté fig. 18 (Pl. VI), doit pouvoir se rapprocher de ce qui se passe souvent dans les poils de *Broussonetia papyrifera*, où l'on peut trouver jusqu'à trois masses cystolithiques.

Outre les poils cystholithiques qui viennent d'être décrits, la feuille d'*H. Peruvianum* en porte d'autres qui, par leur aspect et leur constitution, se rapprochent davantage de ce que nous allons avoir à signaler chez d'autres Borraginées et chez des types différents ; nous y reviendrons un peu plus loin.

Cependant, dans cette famille des Borraginées, les formations cystolithiques n'atteignent le plus souvent pas l'état qui vient d'être signalé chez les types précédents : elles se présentent sous des aspects très variés, mais qui, tous, peuvent se rattacher à une forme primitive unique, celle du poil unicellulaire développé aux dépens d'une cellule de l'épiderme, et dont la cavité est occupée par un dépôt de cellulose mêlée de calcaire. Cet état primitif se retrouve au début du développement de toutes ces formations, qui quelquefois y demeurent jusqu'au bout sans subir de modifications.

Nous trouvons un exemple de ce dernier fait dans les poils qui hérissent les deux faces de la feuille de *Gynoglossum pictum* Ait., poils minces et allongés, dont les parois sont recouvertes à l'intérieur d'une couche de très fines granulations calcaires formant un revêtement continu qui ne s'arrête qu'à la base du poil. Les acides déterminent dans ces formations une très vive effervescence. L'incinération ne permet d'apercevoir dans les parois aucune trace de silice (fig. 14, Pl. VII). Des poils de même nature se retrouvent chez *Cynoglossum linifolium* Lin., (*Omphalodes linifolia* Moench.), en compagnie d'autres incrustations calcaires d'une nature spéciale qui seront décrites plus loin.

Les feuilles jeunes de ces deux espèces montrent des poils déjà bien développés, mais dépourvus d'incrustations calcaires. Le carbonate de chaux apparaît d'abord vers le sommet du poil sous forme de concrétions ponctuées, séparées par d'assez larges espaces; elles grossissent plus tard jusqu'à se toucher et gagnent en même temps vers la base du poil. Le bulbe, dont la cavité est entièrement libre, ne prend pas un grand développement et ne dépasse jamais le niveau des cellules épidermiques.

Les faits se compliquent un peu chez *Cynoglossum cheirifolium* Lin. Les poils qui couvrent les deux faces de la feuille adulte ne portent plus de concrétions calcaires sur leurs parois, mais leur cavité est occupée par un dépôt de cellulose disposée en couches concentriques et incrustée de carbonate de chaux. L'incinération n'y dénote aucune trace de silice.

Il est facile de rattacher des formations de ce genre à celle que nous avons trouvées dans Tournefortia, Tiaridium et Heliotropium, qui, à l'état jeune, n'en diffèrent sous aucun point de vue. Nous verrons d'ailleurs que d'autres modifications peuvent intervenir pour donner naissance à des organes qui, au premier abord, semblent n'être rattachés par rien à ceux que nous avons déjà étudiés, et qui cependant dérivent tous de la forme trichomateuse primitive décrite chez *Cynoglos. pictum* Ait., *linifolium* L. et *cheirifolium* L., forme que nous retrouvons sans modifications dans la plupart des poils de la tige et de la face inférieure des feuilles de *Lithospermum fruticosum* Lin., dans les poils du calice de *Myosotis sylvatica* Ehrh., et dans ceux de la face inférieure de la feuille de *Cynoglossum furcatum* Wall.

La première de ces modifications, et la plus fréquente, est l'ap-

90 J. CHAREYRE.

parition, auteur de la base du poil calcaire, d'une rosette de cellules épidermiques qui deviennent elles-mêmes le siège d'un dépôt plus ou moins abondant de carbonate de chaux. Déjà, dans quelques feuilles pourvues de poils calcaires simples, comme celle de *Cynoglossum pictum* (fig. 14, Pl. VII), on peut voir les cellules épidermiques qui entourent la base du poil prendre une forme un peu spéciale et se disposer en couronne, leurs parois latérales devenant droites et prenant une direction radiale qui les distingue assez nettement des autres cellules épidermiques. Cette disposition est encore plus accentuée dans les poils qui couvrent l'épiderme des rameaux de *Myosotis sylvatica* Ehrh. (fig. 13, Pl. VII). Ces poils, très gros et très longs, sont revêtus, sur leurs parois internes, d'une couche de très fines granulations calcaires ; leur base est entourée d'une série de cellules polyédriques formant une rosette qui, par sa forme, contraste nettement avec les autres cellules épidermiques rectangulaires et allongées dans le sens de l'accroissement de la tige. Ces poils sont silicifiés au sommet, sur une longueur variable, quelquefois dans toute leur moitié apicale.

Sur les feuilles du même végétal, on trouve d'autres poils chez lesquels le dépôt de carbonate de chaux a commencé à envahir les cellules environnantes. Ces poils, gros et courts, également répandus sur les deux faces de la feuille, ont leur cavité occupée par une masse cellulosique incrustée de calcaire, qui s'étend dans le bulbe, où elle forme une saillie arrondie. Les cellules qui entourent la base du poil ne diffèrent pas, comme forme, des autres cellules épidermiques (fig. 12, Pl. VII) ; quelquefois dépourvues de tout contenu, elles présentent le plus souvent à leur intérieur, accolée à celle de leurs faces qui est en contact avec la base du poil, une petite masse cellulosique incrustée d'une faible quantité de carbonate de chaux. Si on fait disparaître ce dernier au moyen d'un acide, on demeure en présence du support organique, qui se montre nettement sous la forme de couches concentriques dont le centre coïncide à peu près avec le milieu de la paroi commune à la cellule et au poil. Ce support manifeste toutes les réactions de la cellulose pure.

Le calice de *Myosotis sylvatica* Ehrh. est également pourvu de poils nombreux, bien développés, dont le contenu est en tout semblable à celui des poils de la feuille, mais dont les cellules basilaires ne présentent aucun dépôt calcaire. Ici, comme dans tous les autres cas que nous aurons à mentionner, les poils du calice représentent fidèlement l'état jeune des poils de la feuille ; dans ce dernier organe, en effet, le dépôt de carbonate de chaux s'effectue d'abord à la pointe du poil, pour s'étendre ensuite vers sa base. Ce n'est qu'en tout dernier lieu que les cellules en rosette deviennent le siège du dépôt, peu abondant d'ailleurs, qu'on y trouve à l'état adulte. C'est aussi tardivement que la silice apparaît dans ces formations, et elle y demeure toujours peu abondante ; ses points d'apparition sont l'extrême pointe du poil et les parois communes au poil et aux cellules en rosette ; quelquefois l'incrustation s'étend jusqu'aux parois latérales de ces derniers éléments.

Le plus souvent, lorsque le dépôt de carbonate de chaux s'étend ainsi jusqu'aux cellules qui entourent la base du poil, la cavité de celui-ci est entièrement occupée par une masse formée de couches de cellulose et de concrétions calcaires. Quelquefois cependant ce phénomène se produit alors que le poil n'est pourvu que sur ses parois de concrétions ponctuées même peu abondantes et largement séparées les unes des autres. Mais, même dans ce cas, le dépôt des cellules en rosette ne se présente jamais sous forme de concrétions déposées sur les parois de la cellule. Toujours il s'accompagne d'un support cellulosique disposé en couches concentriques. Ce fait est nettement visible sur les poils de la face supérieure des feuilles de *Lithospermum fruticosum* Lin. Ici, les concrétions ponctuées qui couvrent la paroi du poil sont un peu allongées, très régulièrement disposées en séries longitudinales. Les cellules qui entourent la base sont au nombre de six ou huit, disposées en cercle, et leurs parois latérales figurent les rayons d'une roue dont le cercle serait formé par leurs parois externes arrondies. Cette forme spéciale des cellules en rosette contraste fortement avec les contours rectangulaires

des autres éléments épidermiques ; de plus, elles demeurent incolores, tandis que les cellules de l'épiderme sont le plus souvent colorées par un suc cellulaire jaune ou rouge brique. La
masse cellulosique et calcaire qui occupe ces cellules a pris un
assez grand développement et remplit à peu près la moitié de la
cavité cellulaire.

A la face inférieure des feuilles de cette espèce, les poils, également très nombreux et chargés de calcaire, ne sont pas tous
pourvus d'une rosette de cellules basilaires. Les plus gros seuls
présentent ce caractère ; encore les cellules sont-elles ici beaucoup plus irrégulières comme forme, et très peu ou même pas
du tout chargées de calcaire, surtout sur les nervures. Les parties de la tige encore pourvues de leur épiderme portent également des poils calcaires, mais toujours privés de cellules de bordure. L'incinération ne laisse, le plus souvent, voir aucune trace
de silice ; quelquefois cependant la pointe du poil en est incrustée sur une faible longueur.

Le développement des poils de *Lithospermum fruticosum* L.
répond à ce que nous avons vu jusqu'ici : d'abord formé par le
développement de la paroi externe d'une cellule épidermique, le
poil a, dans son jeune âge, des parois minces et dépourvues de
toute concrétion ; sa cavité est occupée par une masse protoplasmatique qui tapisse les parois et est pourvue d'un noyau apparent ; à ce moment, les cellules qui entourent la base du poil,
riches elles aussi en protoplasma, ne diffèrent pas, comme
forme, des autres cellules épidermiques ; mais plus tard elles se
développent dans un autre sens que ces dernières, pour revêtir
leur aspect définitif. Les premières ponctuations calcaires apparaissent au sommet du poil ; elles sont d'abord très petites et très
espacées. Elles grossissent peu à peu, tandis que de nouvelles
apparaissent au-dessous, gagnant vers la base de la formation
trichomatique. En même temps la masse de protoplasma quitte
les parties supérieures et se rassemble vers la base, en se réduisant de plus en plus ; lorsque l'incrustation des parois est complète, elle a tout à fait disparu. C'est alors seulement qu'apparais-

sent, sur les parois des cellules en rosette contiguës à la base du
poil, des épaississements cellulosiques qui sont le point de départ
des formations qui doivent obstruer la cavité de ces éléments.
Ici encore, le protoplasma a complètement disparu des cellules
lorsque le dépôt de cellulose et de calcaire a atteint son état
définitif. Lorsque la silice doit se montrer dans ces poils, el'e
n'apparaît que très tardivement et lorsque toutes les autres parties sont déjà bien constituées.

Chez un autre Lithospermum, *L. purpureo-ceruleum* Lin.,
nous retrouvons des poils calcaires entourés à la base d'une
rosette de cellules, mais pourvus, non plus de concrétions ponctuées, mais bien, comme dans le type ordinaire, d'un dépôt cellulosique chargé de carbonate de chaux. Ces poils, très nombreux
sur les deux faces de la feuille, laissent voir très facilement (fig. 1,
Pl. VII), après traitement par un acide qui les débarrasse de l'incrustation calcaire, et même sans traitement préalable, la disposition en couches concentriques de leur masse cellulosique centrale. Les très fines concrétions calcaires qui farcissent cette
masse se retrouvent également en très grand nombre dans
l'épaisseur même des parois du poil. Elles font, avec les acides,
une très vive effervescence.

La base du poil est entourée de huit à dix cellules en rosette,
dont les formes sont très régulières sur la face qui regarde le
poil ; elles dessinent là un polygone à peu près régulier ; du
côté opposé, ces cellules sont beaucoup plus irrégulières et prennent des contours sinueux entièrement analogues à ceux des
cellules épidermiques. La moitié à peu près de leur cavité est
occupée par un dépôt cellulosique incrusté de calcaire, à structure
concentrique très nette. L'incinération montre l'existence d'un
abondant dépôt de silice qui envahit la base du poil, les parois
de ce dernier jusqu'au tiers environ de leur hauteur, et une partie des parois externes des cellules en rosette. La pointe extrême
du poil est également silicifiée sur une longueur variable (fig. 3,
Pl. VII).

Le développement de ces poils diffère peu de ce que nous

avons vu dans l'espèce précédente. Le carbonate de chaux apparaît d'abord dans l'épaisseur et sur la surface interne des parois
sous forme de très fines ponctuations ; puis le dépôt de cellulose
s'effectue à la pointe du poil, en gagnant de plus en plus vers
la base. Dans le poil encore jeune représenté fig. 2 (Pl. VII), ce
dépôt a déjà rempli toute la cavité, ne laissant libre que le bulbe,
où il existe encore une assez vaste espace ne présentant que
quelques concrétions éparses. Les cellules en rosette ont déjà
acquis leur forme définitive, mais ne présentent pas encore de
traces de calcaire. Un peu plus tard, leurs parois s'épaissiront
sur la face qui touche à la base du poil ; cet épaississement
est le début de l'empâtement cellulosique qui remplira plus
tard la cavité. A cet état, la pointe seule du poil est quelquefois
silicifiée ; ce n'est qu'après la constitution complète du dépôt
calcaire que la silice apparaît à la base, d'abord dans la paroi
commune au poil et aux cellules en rosette, pour s'étendre ensuite des deux côtés.

Des faits absolument analogues nous sont offerts par *Lithospermum arvense* Lin., avec cette seule différence qu'ici le dépôt
silicieux est moins abondant et ne se montre qu'à la pointe du poil
et dans la paroi commune au poil et aux cellules en rosette, sans
jamais s'étendre au delà. Tous les autres faits : forme et disposition, développement, ordre d'apparition des divers éléments, sont
absolument identiques.

Il ne faut pas oublier de mentionner que, dans ces diverses
espèces de Lithospermum, les poils calcaires, très abondants sur
le calice, y revêtent, comme dans les autres types déjà étudiés,
des formes jeunes. L'incrustation calcaire y est moins abondante,
les cellules en rosette presque toujours dépourvues de dépôts
spéciaux, et la silice n'y apparaît généralement pas. Il faut ajouter que ces poils atteignent leur maximum de richesse en carbonate de chaux lorsque la fleur est encore à l'état de bouton.

La quantité de calcaire diminue ensuite à mesure que la fleur
se développe, et, à son complet épanouissement, les poils sont
presque uniquement réduits à leur support cellulosique et ne

contiennent plus que des traces de calcaire. Ce sont là des faits que nous avons constatés chez toutes les Borraginées dont il nous a été possible d'observer les fleurs à leurs divers états. Dans les feuilles également, il y a un maximum de richesse en carbonate de chaux ; ce corps diminue dans les poils des feuilles vieilles, et, lorsque ces organes tombent, les poils ne contiennent plus que de faibles quantités de calcaire.

Les poils des deux faces de la feuille d'*Anchusa officinalis* Lin., quoique plus petits que les précédents, ont une constitution tout à fait identique. Le dépôt cellulosique, incrusté d'une assez faible quantité de carbonate de chaux, ne s'étend pas dans toute la longueur du poil et laisse, vers la base, un espace libre, qui est occupé par un assez grand nombre de granulations calcaires isolées (fig. 5, Pl. VII). Les cellules en rosette, plus grandes et à parois plus épaisses que les autres éléments épidermiques, sont occupées en très grande partie par un dépôt qui n'offre aucune particularité de structure. Quand un dépôt siliceux existe dans ces poils, il se montre à leur extrême pointe.

Dans des feuilles très jeunes, les poils, à parois minces, possèdent un abondant contenu protoplasmatique ; les cellules en rosette, régulièrement polygonales comme les autres cellules épidermiques, ne diffèrent de ces derniers éléments ni par leurs formes ni par leurs dimensions. La première apparition du dépôt calcaire se manifeste à la pointe du poil sous forme de granulations isolées appliquées contre la paroi, puis se montre le dépôt cellulosique ; à mesure que celui-ci se développe, la masse protoplasmatique se rassemble à la partie inférieure, en se réduisant de plus en plus. Ces faits sont indiqués dans la fig. 5. (Pl. VII), qui représente un poil jeune, dont le contenu protoplasmatique est contracté par l'alcool. A ce moment, les cellules en rosette, qui, comme les autres cellules épidermiques, sont riches en protoplasma, se distinguent de ces dernières par l'épaississement de leurs parois ; le reste du développement répond entièrement à ce que nous avons déjà vu dans les types précédents.

La feuille de *Symphytum Tauricum* Willd. est également

pourvue sur ses deux faces, mais surtout à la face supérieure, de très nombreux poils, qui ne diffèrent de ceux déjà décrits que par leurs dimensions. Le dépôt de cellulose et de carbonate de chaux n'occupe, ici encore, que la partie inférieure du poil, laissant libre, à la base, toute la partie qui correspond au bulbe, et dont les parois seules sont incrustées de calcaire. La base du poil est entourée d'une rosette de huit à dix grandes cellules allongées, dont les parois, rectilignes sur la face qui regarde le poil, deviennent onduleuses sur la face opposée et se confondent alors avec les autres cellules épidermiques (fig. 9, Pl. VII). Ces cellules sont abondamment pourvues de calcaire, et font, comme le poil, une très vive effervescence avec les acides. Il n'y a rien de particulier à dire sur le développement de ces formations.

Dans les parties de la tige qui sont encore pourvues de leur épiderme, on retrouve quelques poils semblables aux précédents, mais assez peu nombreux, mêlés à un grand nombre d'autres poils simples, plus grêles et plus longs, non entourés de cellules en rosette, et ne faisant aucune effervescence par les acides.

Dans la fleur, la corolle et l'ovaire n'offrent aucune formation spéciale. La face externe des sépales porte de nombreux poils calcaires, à cellules en rosette, moins développés que ceux de la feuille et de la tige. La face interne de ces organes n'est pourvue que de très petits poils unicellulaires, coniques, non entourés de cellules en rosette, et dépourvus de carbonate de chaux. Dans une fleur très jeune, prise tout à l'extrémité d'une inflorescence, les poils de la face externe des sépales étaient déjà presque aussi développés que ceux de la fleur adulte et contenaient une quantité considérable de carbonate de chaux. Dans des fleurs plus avancées, mais dont la corolle n'était pas encore épanouie, les poils avaient pris tout leur développement, les cellules en rosette faisant une légère saillie au-dessus de l'épiderme; l'effervescence était déjà moindre que dans le cas précédent. Dans les fleurs complètement épanouies, l'effervescence était nulle dans le plus grand nombre des cas, très faible dans les autres.

Ces formations, qui se retrouvent, sans de grandes modifications, dans presque toutes les Borraginées, peuvent cependant, dans certains cas, prendre un aspect tout à fait spécial. Nous en trouvons un exemple dans le genre Cerinthe, dont les deux espèces observées, *C. minor* Lin. et *C. aspera* Roth., nous offrent des faits entièrement analogues.

Les poils des ces deux espèces ne sont pas pourvus de dépôt calcaire, ni même de concrétions ponctuées. Mais, sur la surface des deux épidermes des feuilles, et plus abondantes à la surface supérieure, on voit des éminences mamillaires formées d'une cellule centrale entourée de six à sept autres qui contiennent du carbonate de chaux disparaissant, par l'action des acides, avec dégagement d'acide carbonique.

Ces éminences mamillaires sont constituées par une cellule centrale, polygonale, entièrement remplie par un dépôt de cellulose incrustée de carbonate de chaux en concrétions apparentes. Les cellules en rosette qui l'entourent ont également un contenu cellulosique et calcaire disposé comme le contenu des cellules qui entourent la base des poils dans les types précédents, c'est-à-dire appliqué contre la paroi commune à la cellule en rosette et à la cellule centrale, et laissant du côté opposé la cavité cellulaire libre sur une étendue plus ou moins considérable. Les couches concentriques, très apparentes dans ce dépôt, ont pour centre le milieu de la paroi de séparation (voir fig. 19, Pl. VI). Ces cellules en rosette, comme la cellule centrale, sont nettement polygonales, à parois assez épaisses, et se distinguent à tous les points de vue des autres cellules épidermiques, plus grandes, sinueuses et à parois plus minces. Quelquefois (fig. 20, Pl. VI), surtout à la face supérieure de la feuille, la cellule centrale est entourée de deux rangs de cellules en rosette : le premier rang est alors formé de six à dix cellules entièrement remplies de concrétions calcaires, tandis que celles du second rang, au nombre de douze à vingt, ne sont incrustées qu'en partie.

Vues en coupe, ces éminences, lorsqu'elles sont entièrement développées, sont au même niveau que les cellules épidermiques, ou font au-dessus de celles ci une saillie à peine indiquée (fig. 21, Pl. VI). Le plus souvent cependant, il y a une saillie appréciable (fig. 22, Pl. VI) formée par la cellule centrale, tandis que les cellules de bordure, de niveau avec l'épiderme sur leur côté extérieur, se relèvent un peu, pour venir, par leur côté interne, se mettre à la même hauteur que la cellule centrale.

L'incinération montre sur ces feuilles un très abondant dépôt de silice qui incruste la paroi externe, non seulement des cellules de l'éminence, mais encore de toutes les autres cellules environnantes, sans respecter leurs limites.

Si l'on suit le développement de ces formations spéciales, on voit que leur point de départ est un poil très développé déjà sur de toutes jeunes feuilles, assez gros et court, et entouré d'une rosette de cellules ayant déjà leur forme définitive. Sur une feuille très jeune, ni le poil ni les cellules en rosette ne contiennent encore de carbonate de chaux. Ce dernier apparaît plus tard de la manière habituelle, et la formation présente alors l'aspect indiqué fig. 24 (Pl. VI). Puis le poil se réduit peu à peu, de manière à former d'abord une éminence assez forte, comme celle de la fig. 23 (Pl. VI), puis la formation définitive. La silice apparaît dans le poil lorsqu'il est déjà gorgé de calcaire, mais avant qu'il ait commencé à se résorber. Le dépôt de cette substance commence à la pointe même du poil, pour gagner ensuite progressivement, d'abord les cellules en rosette, puis les autres éléments épidermiques.

Dans la fleur, la corolle et l'ovaire sont entièrement dépourvus de formations calcaires ; mais la face externe des sépales est couverte de poils à cellules en rosette qui correspondent exactement à l'état jeune des éminences mamillaires, représenté fig. 24. Ici encore, ces poils font une très vive effervescence avec les acides dans la fleur très jeune ; mais, à mesure que la fleur se développe, cette effervescence diminue de plus en plus, pour devenir tout à fait nulle à l'épanouissement.

Les formations calcaires qui couvrent les feuilles d'*Omphalodes linifolia* Mœnch. se présentent sous un aspect absolument comparable à celui des éminences mamillaires de *Cerinthe aspera* Roth. Elles sont constituées (fig. 2, Pl. VIII) par une cellule centrale, régulièrement polygonale, à parois épaissies, dont la cavité est entièrement occupée par un dépôt cellulosique incrusté de carbonate de chaux. Cette cellule est entourée par un nombre variable d'éléments épidermiques disposés en rosette, dont les parois latérales, épaissies, sont entièrement rectilignes, et dont la cavité est occupée en partie par une masse cystolithique.

Mais ces formations, absolument semblables, à l'état adulte, à celles de Cerinthe, en diffèrent par leur mode de développement: il n'y a pas ici de poil primitif, et, dès leur première apparition, les éminences mamillaires sont constituées par une cellule épidermique peu différente de ses voisines, dans laquelle se montre un dépôt cellulosique qui s'incruste plus tard de calcaire. La formation de ce dépôt est précédée d'un épaississement assez fort de la paroi externe de la cellule. Plus tard, les cellules en rosette se différencient à leur tour : elles suivent, dans cette différenciation, la même marche que les cellules en rosette des Cerinthe et de toutes les autres Borraginées.

Il arrive très souvent que les formations calcaires d'*Omphalodes linifolia* Mœnch. revêtent un aspect un peu différent de celui qui vient d'être décrit. Avant de devenir le siège du dépôt cellulosique et calcaire, la cellule centrale peut se diviser en deux, par une cloison transversale, et, une fois développée, la formation prend alors l'aspect représenté fig. 1 (Pl. VIII).

Chez d'autres types, la différenciation suit une autre marche, et nous voyons la rosette de cellules qui entoure la base du poil prendre un développement considérable et envahir deux rangées d'éléments épidermiques.

Chez *Echium vulgare* Lin., par exemple, la tige et les feuilles sont couvertes de longs poils dont la cavité, à l'exception du bulbe, est obstruée par un abondant dépôt de cellulose incrustée de calcaire (fig. 7, Pl. VII). Des concrétions calcaires ponctuées se montrent également dans la membrane et jusqu'à l'extérieur du poil. La base de ce dernier est entourée d'une rosette de huit à dix grandes cellules, dont la cavité est occupée par un dépôt identique à celui que nous avons trouvé dans les cellules en rosette des types précédents. Cette collerette est entourée d'une seconde rangée de cellules en tout semblables, au nombre d'une vingtaine. Les cellules de ces deux rangées, polygonales comme les autres cellules épidermiques, ne se distinguent de ces dernières, à part leur contenu spécial, que par leurs dimensions un peu plus grandes et leurs parois un peu plus épaisses.

L'incinération de ces poils permet d'obtenir un squelette siliceux très pur ; les parties incrustées de silice, dans les poils examinés, étaient : la base même du poil, les parois latérales des cellules en rosette de la première rangée, et quelquefois même la paroi de ces cellules opposée à la base du poil, et une partie des parois latérales des cellules de la seconde rangée. Il est possible que, dans les feuilles adultes, l'incrustation, tant calcaire que siliceuse, prenne une plus grande extension, car les feuilles qui ont servi à cette observation appartenaient à une plante jeune, et n'avaient pas encore atteint leur entier développement. Elles mesuraient environ 10 centim. de long. Sur une feuille adulte d'*Echium cynoglossoides* Desf., les poils ressemblaient entièrement à ceux décrits dans l'espèce précédente, mais la silicification était plus complète : partant de la base du poil, elle envahissait, non seulement les deux rangées de cellules en rosette, mais encore les cellules épidermiques voisines (fig. 8, Pl. VII).

Dans une feuille jeune d'*E. vulgare*, longue de 25 millim., les poils étaient déjà aussi fortement développés que ceux décrits plus haut, et très fortement chargés de calcaire ; mais cette incrustation calcaire ne s'étendait encore qu'à une seule rangée de cellules en rosette. L'incinération montrait le dépôt de silice tout à fait à son début ; la plupart des cellules en rosette en étaient tout à fait dépourvues ; quelques-unes seulement montraient un commencement de silicification, mais seulement sur la face contiguë à la base du poil.

Une autre feuille, prise au centre d'un bourgeon et mesurant à peine 5 millim., montrait des poils arrivés à peu près à la moitié de leurs dimensions définitives. Ces poils étaient déjà chargés de carbonate de chaux, mais ce dépôt se présentait sous forme de granulations isolées sur les parois, laissant encore entièrement libre la cavité même du poil. La base était entourée d'une rangée de cellules en rosette, différant peu, par leur forme et leurs dimensions, des autres cellules épidermiques et presque dépourvues de carbonate de chaux. Le dépôt cellulosique ne s'y montrait que comme une petite masse, appliquée contre la paroi de la cellule contiguë à la base du poil. L'incinération ne dénotait encore aucune trace de silice.

Très peu différents des précédents sont les poils calcaires de *Symphytum asperrimum* Bbrst., que l'on rencontre en grande abondance à la face supérieure des feuilles (fig. 10, Pl. VII). Le poil, très développé, est entièrement rempli par le dépôt cellulosique et calcaire ; sa base est entourée par une double rangée de très grandes cellules en rosette, de forme particulière et beaucoup plus développées que les autres éléments épidermiques. Toutes les autres particularités de structure de ces formations répondent à ce que nous avons vu chez *Echium vulgare*.

A la face inférieure des feuilles de la même espèce, se trouvent d'assez nombreuses formations analogues à celle représentée fig. 11 (Pl. VIII). Ce sont des poils cystolithiques dont toute la partie externe s'est considérablement réduite, tandis que le bulbe a pris des dimensions beaucoup plus fortes et est occupé par une masse cystolithique arrondie, reliée par un court pédicule au dépôt cellulosique qui occupe la cavité du poil lui-même. Ces formations ont une analogie très grande avec celles signalées plus haut dans les genres Tournefortia, Tiaridium et Heliotropium.

§ II. *Crucifères*.

La famille des Borraginées n'est pas d'ailleurs la seule à nous offrir des formations calcaires qui puissent se rattacher aux types que nous avons déjà passés en revue : nous en trouverons de

nombreux exemples dans les groupes des Crucifères, des Composées, de Verbénacées, des Cucurbitacées, etc.

Chez un grand nombre de Crucifères, les poils qui hérissent
les deux faces de la feuille ont leurs parois recouvertes, à l'intérieur, de concrétions calcaires ponctuées. Le dépôt de carbonate
de chaux revêt ici une de ses formes les plus simples, car il
s'effectue dans les poils sans modifier en aucune façon leur forme
primitive, et sans s'accompagner jamais d'épaississements cellulosiques particuliers.

Le plus généralement, le poil qui devient le siège de ces formations est un poil unicellulaire simple, conique, plus ou moins
développé. C'est ce que l'on observe, par exemple, sur les deux
faces de la feuille et sur la tige de *Sysimbrium officinale* Scop.,
où ils sont assez nombreux et bien développés, ou sur les feuilles
et la tige de *Diplotaxis erucoides* DC., où il sont, au contraire,
très réduits et peu développés.

Quelquefois les poils calcaires, toujours unicellulaires, se bifur-
quent au sommet, et se terminent alors par deux pointes, dont
l'une est toujours plus développée ; des formations de ce genre
peuvent s'observer sur les feuilles et surtout sur la tige d'*Hesperis
matronalis* Lam.

Souvent encore le poil calcaire peut être un poil en navette,
comme chez *Arabis Gerardi* Besser., *Cheiranthus Cheiri* L., ou
Alyssum maritimum L., ou encore un poil unicellulaire étoilé à
trois ou quatre branches, comme chez *Erysimum strictum* Fl.,
Malcomia africana R. Brown, ou *Sinapis arvensis* L.

En un mot, dans tous les types de Crucifères que j'ai examinés à ce point de vue, j'ai toujours trouvé des concrétions calcaires déposées à l'intérieur de poils présentant leur aspect
habituel et nullement modifiés par leur contenu.

§ III. *Composées.*

Il en est généralement tout autrement chez les autres groupes
qui présentent des poils calcaires. Nous avons déjà vu, chez les

Borraginées, des modifications plus ou moins profondes dans la forme du poil accompagner le dépôt de carbonate de chaux. Le même fait se constate dans les autres groupes pourvus de ces formations.

Dans les Composées, par exemple, les poils calcaires qui se trouvent chez un certain nombre d'espèces peuvent se rattacher à deux types que nous étudierons, l'un chez *Cassinia glauca* R. Br., l'autre chez *Helianthus tuberosus* L n.

Les poils calcaires de *Cassinia glauca* R. Br. nous montrent un développement considérable de l'inscrustation calcaire dans les cellules qui environnent la base du poil. Comme on peut le voir dans la fig. 15 (Pl. VIII), le poil lui-même, très gros et court, ne contient qu'une quantité relativement faible de carbonate de chaux. Les parois ont subi un épaississement considérable, surtout dans la partie apicale, qui est le plus souvent tronquée dans les formations adultes. Tout cet épaississement cellulosique est dépourvu de calcaire, et cette substance ne se montre qu'en concrétions ponctuées dans la cavité, très réduite, du poil. En revanche, la base de celui-ci est entourée d'une quadruple ou quintuple rangée de cellules polygonales, à parois très épaissies, formant un mamelon très saillant au-dessus de l'épiderme, et dont les cavités sont entièrement remplies d'un dépôt cellulosique abondamment pourvu de calcaire. Tout cet ensemble atteint des dimensions assez considérables pour être facilement visible, à l'œil nu, sur la face de la feuille. Il est séparé des cellules épidermiques ordinaires par une rangée d'éléments dépourvus de contenu calcaire, mais qui ont pris un développement considérable, de façon à devenir trois ou quatre fois plus longs que larges.

Sur une feuille jeune, on voit le poil, déjà bien développé, mais à parois encore minces, dont la cavité est occupée par une masse protoplasmatique. A la pointe extrême du poil, un épaississement cellulosique commence à se montrer (fig. 16, P. VII), absolument analogue à celui qui se forme dans les poils calcaires des Borraginées. La base du poil est entourée de cellules qui, disposées suivant quatre ou cinq zones concentriques, présentent déjà des caractères spéciaux ; elles sont, surtout les plus voisines de la base du poil, plus grandes que les autres cellules épidermiques, et pourvues de parois beaucoup plus épaisses. Leur contenu est encore, à ce moment, exclusivement protoplasmatique. Je n'y ai pas encore vu de traces de la zone de grandes cellules allongées qui entourera plus tard la formation. Le dépôt de carbonate de chaux commence, dans le poil, lorsque l'épaississement des parois a atteint son terme. En même temps s'effectue le dépôt de cellulose et de calcaire dans les cellules de l'entourage ; ce dépôt commence d'abord dans les grandes cellules les plus voisines de la base du poil, pour s'étendre ensuite, de proche en proche, à toutes les autres.

Un très abondant dépôt siliceux accompagne ces formations ; il s'effectue d'abord dans la pointe du poil, pour s'étendre ensuite, d'abord aux cellules inscrustées de calcaire, puis à tout l'épiderme.

Les poils cystolithiques d'*Helianthus tuberosus* L. sont constitués d'une tout autre façon : ils sont formés de trois ou quatre cellules superposées, dont l'inférieure, très développée, est couverte, sur ses parois externes comme sur les parois internes, d'abondantes concrétions calcaires. La deuxième cellule est entièrement occupée par une masse cellulosique inscrutée de calcaire ; la troisième et la quatrième, quand elle existe, sont vides et ne présentent que quelques rares concrétions de carbonate de chaux sur leur paroi interne. Autour de la base du poil, règne une rangée de cellules en rosette qui se remplissent de couches de cellulose mêlées de calcaire. Ces dernières cellules n'arrivent à cet état que dans les feuilles adultes. Sur des organes jeunes, elles sont normales, et le dépôt de carbonate de chaux ne s'y fait que postérieurement à celui qui existe dans le poil.

Lorsqu'on fait agir un acide sur l'une de ces formations, on constate une effervescence considérable. Lorsque le dégagement d'acide carbonique a cessé, on voit la cellule basilaire du poil, ainsi que la troisième et la quatrième, entièrement vides. Les cellules en rosette sont occupées par une masse cellulosique dont la structure concentrique est alors bien nettement visible; une masse de même nature remplit la cavité de la seconde cellule du poil; cette masse peut être rattachée par toute sa périphérie aux parois de la cellule qui la contient, ou, dans quelques cas, isolée et réunie seulement par un pédicule cellulosique à la paroi de séparation de la cellule supérieure.

Ces formations existent seulement à la face supérieure de la feuille. A la face inférieure, on ne trouve que sur le trajet des nervures des poils tricellulaires, dépourvus de cellules en rosette, et dont la cellule inférieure seule est occupée par un faible dépôt cellulosique incrusté d'une forte proportion de calcaire ; ce depôt n'est jamais isolé dans la cavité cellulaire, et rattaché aux parois par un simple pédicule. La deuxième cellule du poil peut, dans quelques cas, montrer un contenu de même nature.

Ces dernières formations, traitées par un acide, laissent voir une effervescence considérable; après que le dégagement d'acide carbonique a cessé, on constate que la cavité de la cellule basilaire, et quelquefois celle de la deuxième cellule, ne sont plus occupées que par un résidu cellulosique grumeleux très peu apparent.

Les poils cystolithiques d'*Helianthus tuberosus* se silicifient de bonne heure. Dans la feuille adulte, l'incrustation siliceuse s'étend du poil à toutes les cellules épidermiques.

§ IV. *Verbénacées.*

La famille des Verbénacées nous offre également des formations calcaires particulières, que nous pouvons étudier chez *Verbena bonariensis* Lin.

Les feuilles de cette espèce sont couvertes, tant à la face supérieure qu'à la face inférieure, de poils de deux sortes : les premiers, sur une feuille jeune, se présentent sous l'aspect représenté fig. 28 (Pl. VI). Ce sont des poils longs et minces formés aux dépens d'une cellule épidermique, et dont la cavité est occupée par un dépôt de cellulose incrustée de calcaire qui s'avance jusqu'à l'intérieur du bulbe, qui est séparé du reste du poil par un bourrelet formé par un épaississement local, interne, des parois. Ce bulbe ne conserve généralement pas sa position au milieu des cellules épidermiques, mais il est le plus souvent soulevé par ces dernières au-dessus de leur niveau.

A mesure que la feuille vieillit, le carbonate de chaux semble se retirer des parties extrêmes du poil, pour s'accumuler vers les parties inférieures. Le support cellulosique qui subsiste se confond alors avec les parois du poil, qui paraît plein dans la partie supérieure, laquelle ne tarde pas d'ailleurs à se résorber; de sorte que, en fin de compte, sur une feuille adulte, le poil se présente sous la forme représentée fig. 29 (Pl. VI).

A côté de ces formations, s'en trouvent d'autres qui ressemblent plutôt aux poils à cellules en rosette décrits chez les Borraginées. Ces poils, un peu plus développés que les précédents, sont, sur une feuille jeune, pourvus d'un assez abondant contenu protoplasmatique (fig. 25, Pl. VI). Le dépôt de carbonate de chaux et de cellulose s'effectue dans ces poils et dans les cellules basilaires, comme nous l'avons vu pour tous les cas précédents; mais ici se produit un fait nouveau : c'est la formation d'une cloison qui divise en deux la cavité du poil, séparant ainsi le bulbe, dont il fait une cellule spéciale (fig. 25, Pl. VI).

Plus tard la partie supérieure du poil se dégarnit d'abord de carbonate de chaux, puis se résorbe, ne laissant subsister que le bulbe, qui, entouré de cellules en rosette, forme un ensemble ressemblant de très près aux éminences mamillaires de la feuille de *Cerinthe aspera* Roth. (fig. 27, Pl. VI). La paroi extérieure de ces cellules s'épaissit très fortement, de sorte que la cuticule y devient beaucoup plus développée que sur les autres éléments épidermiques.

§ V. *Cucurbitacées.*

C'est également aux éminences mamillaires de *Cerinthe aspera* Roth., ou plutôt à celles d'*Omphalodes linifolia* Mœnch., dont le développement, nous l'avons vu, est direct, qu'il faut rattacher

les formations que nous offrent les feuilles de certaines Cucurbitacées.

Chez *Momordica charantia* L. et *M. echinata* W., par exemple,
on voit, sur la face inférieure des feuilles adultes, des formations[1]
constituées par un certain nombre de cellules épidermiques qui
ont subi une augmentation considérable de volume, et qui plon-
gent au milieu du parenchyme vert. Dans quelques cas, ces cellules
sont au nombre de deux, et alors elles s'accolent par une de leurs
faces, qui devient plane, tandis que sur tous les autres points
elles conservent leurs contours arrondis ; mais, le plus souvent,
elles sont en plus grand nombre, elles se disposent suivant une
symétrie rayonnée, et prennent l'aspect de coins qui se touchent
par leurs sommets. Chacune de ces cellules contient une masse
cellulosique à structure concentrique, et incrustée de calcaire,
qui vient s'insérer sur la paroi de la cellule, au point où celle-ci
est en contact avec les autres éléments du groupe ; cette masse
cystolithique occupe toute la cavité de la cellule mère.

Chez *Momordica charantia* L., où ces formations comprennent
toujours un nombre plus considérable de cellules, il arrive le
plus souvent que le développement des masses cystolithiques ne
se restreint pas uniquement au groupe des cellules mères, mais
s'étend, au contraire, aux éléments épidermiques voisins. Il peut
ainsi se former, autour du groupe primitif, jusqu'à deux couron-
nes complètes de cellules incrustées, telles que M. O. Penzig les
représente dans sa fig. 7. Pl. II.

On peut facilement voir, sur des feuilles très jeunes, comment
débute la formation de ces groupes cystolithiques : une cellule
épidermique se différencie d'abord, devient beaucoup plus grande
que les éléments épidermiques voisins, puis se divise, par une
cloison transversale, en deux cellules accolées. Presque toujours,
chez *Momordica echinata* W., et quelquefois chez *M. charan-*

---

[1] M. O. Penzig a récemment étudié et décrit les formations calcaires de ces
deux Cucurbitacées (*Sulla presenza di cistoliti in alcune Cucurbitaceæ*. Padova,
novembre 1881). Mes propres observations, faites avant que j'eusse connaissance
de ce travail, ne diffèrent en rien des résultats annoncés par cet auteur.

tia L., la division s'arrête là, et le dépôt cellulosique et calcaire commence à s'effectuer ; mais chez la dernière espèce il se produit le plus souvent de nouvelles divisions, par des cloisons transversales partant toutes d'un même point. La cellule mère primitive est alors partagée en un nombre variable de cellules filles qui rayonnent autour d'un centre commun, et qui ont chacune des dimensions à peu près égales à celles des autres éléments épidermiques. Le dépôt cystolithique apparaît d'abord comme un épaississement qui grossit bientôt, pour former un prolongement sphérique dans lequel se dépose ensuite le carbonate de chaux. A mesure que cette formation grossit, la cellule épidermique qui la contient s'accroît également, et refoule devant elle les cellules du mésophylle ; la partie de la cellule ainsi située dans le plan du parenchyme vert est deux ou trois fois plus volumineuse que la partie supérieure, qui est demeurée dans le plan de l'épiderme, de telle sorte que, lorsqu'on observe ces formations de face, on est tenté de les prendre pour de grosses cellules du mésophylle situées au-dessous de l'épiderme. Cependant, l'examen d'une coupe permet de reconnaître, sans doute possible, leur nature épidermique. Ce n'est qu'après l'entier développement de cette formation qu'apparaissent, chez *Momordica charantia* L., les cystolithes secondaires placés à la périphérie, et développés dans des cellules voisines [1].

Chez d'autres Cucurbitacées, l'incrustation calcaire se produit d'une tout autre façon : sur l'épiderme supérieur des feuilles de *Cucurbita pepo* L., par exemple, la formation débute par l'apparition d'un poil qui, primitivement unicellulaire, se cloisonne bientôt, pour se diviser en cinq ou six cellules superposées ; la base de ce poil est entourée d'une couronne de cellules plus grandes que les autres éléments épidermiques, et un peu proéminentes. A mesure que la feuille avance en âge, les parois de ces cellules

---

[1] M. O. Penzig déclare n'avoir pas constaté la présence de la silice dans ces formations ; je suis arrivé au même résultat. Il en est de même pour l'absence complète de la double réfringence, constatée dans les cystolithes de Momordica, soit intacts, soit dépouillés de leur carbonate de chaux.

s'épaississent un peu, et celles du poil considérablement ; le poil dont il s'agit ici est formé de trois cellules superposées, dont les parois cellulosiques très épaisses, surtout sur les faces supérieure et latérales, ne laissent plus libres que des cavités de forme pyramidale, très réduites : de ces cavités, celle qui correspond à la cellule apicale est entièrement libre ; celle située immédiatement au-dessous présente sur ses parois quelques granulations calcaires qui deviennent très apparentes et très nombreuses dans la cellule inférieure, dont elles remplissent toute la cavité. Les cellules en rosette qui entourent la base du poil, et qui sont plus visibles sur la fig. 10 (pl. VIII), qui représente un de ces poils vu de face, sont plus grandes que les autres éléments épidermiques ; leurs parois sont plus épaisses, et leur cavité se trouve occupée par un dépôt cellulosique et calcaire assez abondant. Elles sont entourées par une seconde rangée de cellules assez grandes, à parois épaisses, mais dépourvues de contenu.

L'épaississement des parois cellulaires, qui précède l'apparition du carbonate de chaux, est quelquefois, dans certaines cellules du poil, assez considérable pour obstruer complètement toute la cavité cellulaire. On observe souvent des poils tronqués à leur partie supérieure, et qui ne sont plus représentés que par leurs deux ou trois cellules basilaires, dont la cavité peut être complètement ou à peu près complètement remplie.

Cette troncature tient, suivant toute probabilité, à ce que les parois cellulosiques, très épaisses dans la partie supérieure des cellules, gardent les dimensions primitives dans la partie inférieure, et deviennent, là, plus fragiles et plus faciles à rompre.

L'épaississement cellulosique de ces poils et le dépôt de carbonate de chaux à leur intérieur s'accompagnent, à l'apparition, d'une certaine quantité de silice dans l'épaisseur des parois. Ce dépôt s'effectue à la base du poil et dans les parois des cellules en rosette. Il s'étend plus tard à toutes les cellules épidermiques, mais le poil lui-même en demeure toujours exempt.

Des formations du même genre, mais non entourées de cellules en rosette, se montrent encore chez *Ecbalium elaterium* Rich., où elles affectent une forme à peu près analogue : un poil, pris sur une feuille très jeune, est composé de cinq cellules superposées, à parois très minces, et qui ont une taille d'autant plus considérable qu'elles sont plus rapprochées de l'extrémité même du poil.

L'épaississement des parois et le dépôt de carbonate de chaux commencent vers la base du poil, soit dans la cellule basilaire même, soit dans la seconde ou même dans la troisième.

La cellule terminale ou les cellules terminales, sans épaissir leurs parois, dans l'immense majorité des cas deviennent aussi plus tard le siège d'un abondant dépôt de calcaire qui obstrue entièrement leur cavité.

Ici, comme dans l'espèce précédente, la silice se montre d'abord dans la base du poil, pour s'étendre ensuite aux cellules épidermiques environnantes ; le poil lui-même n'est jamais silicifié.

CHAPITRE IV.

RÉSUMÉ ET CONCLUSIONS DE LA PREMIÈRE PARTIE.

De l'ensemble des faits exposés dans les chapitres précédents, se dégage une conclusion qui a, jusqu'à présent, échappé aux observateurs : c'est qu'il existe entre les cystolithes proprement dits et les autres formes sous lesquelles se présentent les concrétions calcaires dans les tissus végétaux, une relation morphologique évidente, et que nous pouvons établir dans tous ses détails.

Le carbonate de chaux, absorbé par le végétal à l'état de bicarbonate soluble, se décompose à mesure qu'il pénètre dans le corps de la plante, et, perdant une molécule d'acide carbonique, se dépose, à l'état de carbonate insoluble, dans toutes les parties traversées par la dissolution, et notamment dans les vaisseaux du cœur du bois et dans les autres points où les cellules, montrant les mêmes propriétés physiques et chimiques que le cœur du bois, possèdent également une grande conductibilité pour l'eau et les substances qu'elle tient en dissolution[1]. Les conditions de ce phénomène ont été étudiées avec détail par M. Deherain[2], qui a établi que la décomposition du bicarbonate de chaux et le dépôt du carbonate insoluble qui en résulte doivent atteindre leur maximum d'intensité dans la région corticale de la tige, et surtout dans les organes appendiculaires, où l'évaporation est le plus active. On constate en effet que ces parties sont toujours les plus riches en carbonate de chaux et en silice, et que la quantité de ces substances contenue dans un organe augmente toujours avec l'âge, tandis que diminuent les combinaisons phosphorées, de sorte que le carbonate de chaux constitue, à lui seul, la majeure partie des matériaux des cendres de la généralité des plantes ou de leurs organes qui ont parcouru le cercle de la végétation[3].

De toutes les parties du végétal, celle où l'évaporation s'exerce avec toute son activité est l'épiderme de la tige et surtout celui des organes appendiculaires. Aussi devons-nous nous attendre à rencontrer en ce point les dépôts les plus abondants et les plus intéressants de carbonate de chaux; c'est d'ailleurs de ces derniers seulement, et même d'une partie de ces derniers, que j'ai eu l'intention de m'occuper dans ce travail.

La matière calcaire déposée dans les parties épidermiques peut, lorsqu'elle est très abondante, former sur toute la surface de l'épiderme une couche continue, interrompue seulement au niveau des stomates. C'est ce qui arrive chez un grand nombre

[1] Voir à ce sujet: Hans Molisch; *Ueber die Ablagerung von Kohlensaurem Kalk im Stamme dicotyler Holzgewächse* (Du dépôt de carbonate de chaux dans la tige des végétaux dicotylédonés). (*Sitzungsberichte der Kais. Akad. der Wissenschaften*, 1881, juin-juillet, pag. 7, 28.)

[2] Deherain; *Sur l'assimilation des substances minérales par les plantes.* (Ann. des Sc. Nat., Bot., 5e sér., vol. 8, pag. 205.)

[3] L. Garreau; *Recherches sur la distribution des matières minérales fixes dans les divers organes des plantes.* (Ann. des Sc. Nat., Bot., 4e sér., vol. XIII, pag. 145, 1860.) Malaguiti et Durocher; *Recherches sur la répartition des éléments inorganiques dans les principales familles du règne végétal.* (Ann. des Sc. Nat., Bot., 4e sér., vol. IX, pag. 222, 1858.)

de Saxifrages et de Statices [1]. Mais, le plus souvent, le dépôt ne s'effectue qu'en des points déterminés, soit au niveau des extrémités terminales des faisceaux, soit à la surface de cellules spéciales, qui prennent une disposition particulière et forment une sorte de glande sécrétant une véritable écaille calcaire qui vient recouvrir une partie de l'épiderme. Ces formations, fréquentes chez les Plombaginées, et que j'ai étudiées surtout chez *Statice rosea* Smith., se composent d'un groupe de quatre ou cinq cellules abondamment pourvues de protoplasma et profondément enfoncées au-dessous du niveau des autres éléments épidermiques, de sorte qu'elles paraissent placées au fond d'une profonde excavation circulaire; les cellules qui les constituent diffèrent des cellules épidermiques ordinaires, non seulement par leur position et leur contenu, mais encore par leurs parois plus minces, surtout à la partie supérieure, qui est dépourvue de cuticule; cette dernière formation est, au contraire, très épaisse sur le reste de l'épiderme. Dans la feuille très jeune, ces formations se montrent bien constituées, mais encore dépourvues de carbonate de chaux; cette dernière substance n'apparaît qu'un peu plus tard, d'abord au fond de la cavité, en contact immédiat avec les cellules sécrétantes ; elle arrive ensuite peu à peu à remplir d'abord la cavité tout entière, puis à en dépasser les bords, et à s'étendre sur les parties environnantes de l'épiderme en débordant de tous côtés, un peu comme la tête d'un clou. Examinées en coupe, ces formations se montrent constituées par des couches successives de carbonate de chaux; leur action sur la lumière polarisée indique qu'elles sont formées de très petits cristaux [2].

---

[1] Je ne m'occupe pas ici du dépôt calcaire qui s'effectue à la surface des organes des plantes aquatiques, dépôt qui, selon toute p. obabilité, reconnaît une origine différente et provient de la décomposition, par suite d'un phénomène vital, du bicarbonate de chaux dissous dans l'eau ambiante.

[2] J'ai, tout récemment, retrouvé les mêmes formations dans deux espèces de la famille des Globulariées, *Corradoria incanescens* DC., et *Globularia ilicifolia* Willk. Dans cette dernière espèce, elles sont mélangées, sur les deux épidermes

Cependant, lorsque l'incrustation calcaire de l'épiderme s'effectue ainsi en des points spéciaux, son lieu d'élection le plus fréquent est celui où la paroi extérieure d'une cellule se développe en un poil. On comprend d'ailleurs fort bien comment, la paroi des poils offrant une surface d'évaporation très développée, le dépôt des concrétions calcaires s'effectue plus particulièrement dans ces organes, lorsqu'ils existent. Nous avons vu ce fait se produire dans toute sa simplicité chez les Crucifères, où le poil, conservant sa forme primitive, conique, en navette, bifurquée ou trifurquée, se couvre, sur sa paroi interne, de concrétions ponctuées exclusivement formées de carbonate de chaux; quelques Borraginées, comme *Cynoglossum pictum* Ait., et *Omphalodes linifolia* Mœnch., sont pourvues de poils de même nature.

Mais le plus souvent le dépôt de carbonate de chaux, dans les poils, exerce une influence plus ou moins profonde sur le développement et la forme de ces organes, influence qui se traduit d'abord par l'apparition d'un dépôt cellulosique qui accompagne le dépôt calcaire et souvent, plus tard, par une tendance à la résorption de toute la partie externe de la formation ainsi constituée. Nous pouvons, en reprenant rapidement les diverses formes qui ont été examinées dans les précédents chapitres, voir les diverses manifestations de cette influence et nous expliquer, en tenant compte de ces deux processus, la constitution de dépôts aussi complexes que les cystolithes ou les formations calcaires de certaines Borraginées, Cucurbitacées et Verbénacées.

Certaines Borraginées, telles que *Cynoglossum cheirifolium* L., *C. furcaium* Wallich, nous ont montré une première manifestation de cette tendance; les poils qui couvrent les deux faces de leurs feuilles présentent d'abord de fines granulations calcaires déposées sur leur paroi interne, puis à la pointe du poil s'effectue un dépôt de cellulose qui, gagnant de plus en plus vers la base, par l'adjonction de nouvelles couches concentriques, s'in-

de la feuille, aux glandes caractéristiques des globulaires ; elles existent seules, et en plus grand nombre, dans la première espèce.

cruste de carbonate de chaux et finit par obstruer à peu près entièrement la cavité du trichome. Les faits se passent absolument de la même façon dans les poils du calice de *Myosotis sylvatica* Ehrh., dans ceux de la tige et de la face inférieure des feuilles de *Lithospermum fruticosum* L., et dans les poils que l'on rencontre en même temps que les cystolithes sur les feuilles de Pariétaire.

C'est dans les poils de cette nature qu'il faut voir le point de départ de toutes les formations étudiées dans ce travail, formations qui pourront varier dans leur aspect et dans leur constitution, suivant que le poil primitif, obéissant à des influences diverses, se sera différencié dans tel sens déterminé.

Nous avons vu que la différenciation la plus fréquente, chez les Borraginées, consiste en l'apparition, autour de la base du poil, d'une rosette de cellules qui deviennent elles-mêmes le siège d'un dépôt plus ou moins abondant de cellulose disposé en couches concentriques et incrusté de carbonate de chaux. Cette rosette de cellules peut se disposer à la base de poils pourvus seulement de ponctuations calcaires ou de poils dont l'incrustation calcaire s'est effectuée dans un support cellulosique spécial. Des exemples du premier cas nous ont été offerts par les formations de la face supérieure de la feuille de *Lithospermum fruticosum* L.; déjà, sur la tige de *Myosotis sylvatica* Ehrh., nous avions vu des poils à ponctuations calcaires entourés, à la base, d'une rosette de petites cellules arrondies, nettement distinctes des autres éléments épidermiques, mais non incrustées de carbonate de chaux; cette différenciation des cellules qui entourent la base du poil existe aussi, mais moins accusée encore, sur les feuilles de *Cynoglossum pictum* Ait.; c'était un premier acheminement vers les formations de *Lithospermum fruticosum*.

Dans les feuilles de *Myosotis sylvatica* Ehrh., *Lithospermum arvense* L., *L. purpureo-ceruleum* L., *Anchusa officinalis* L., *A. paniculata* Ait., *Symphytum Tauricum* Wild., l'incrustation calcaire des cellules en rosette s'est, au contraire, effectuée autour de la base des poils pourvus d'un dépôt cellulosique éga-

lement incrusté. Le phénomène est encore à son début chez
Myosotis sylvatica, où les cellules en rosette, quelquefois dépourvues de contenu, ne sont jamais occupées que par un très faible
dépôt. Dans les autres types, l'incrustation s'étend le plus souvent aux deux tiers au moins de la cavité cellulaire.

Dans tous les cas où il a été possible de suivre le développement de ces formations, nous avons vu le poil, d'abord à parois
minces et pourvu d'un contenu protoplasmatique abondant, se
couvrir de ponctuations calcaires, à partir de son sommet; puis,
dans les types du second groupe, un dépôt cellulosique s'est
effectué d'abord à la pointe, pour s'étendre ensuite progressivement jusqu'à la base; ce n'est que plus tard, et en tout dernier
lieu, que l'incrustation calcaire apparaissait dans les cellules en
rosette; de telle sorte que le poil de *Symphytum Tauricum* Willd.,
par exemple, avant de revêtir son aspect définitif, passe successivement par des états rappelant les poils plus simples de *Cynoglossum pictum* Ait., puis de *Cynoglossum cheirifolium* L.

Nous devons rappeler ici que l'épiderme des Celtis est pourvu,
outre les cystolithes, de poils calcaires analogues à ceux que
nous venons de signaler et dont le développement est identique-
ment le même.

La différenciation peut cependant ne pas s'arrêter là, et nous
avons passé en revue plusieurs modifications intéressantes de la
forme précédente : c'est ainsi que nous avons pu voir l'incrustation calcaire s'étendre, chez *Echium vulgare* L., *E. cynoglossoides* Desf., *Symphytum asperrimum* Bbrst., non plus à une,
mais à deux rangées de cellules en rosette. Cette tendance atteint
son maximum chez certaines Composées, *Cassinia glauca* R.
Br., par exemple, où la rosette se compose de quatre ou cinq
rangées de cellules. Ici encore, la suite du développement nous
montre des états successifs qui rappellent ceux précédemment
passés en revue. L'incrustation se montre d'abord dans le poil,
et ce n'est que lorsqu'elle y est complète que le dépôt de cellulose et de calcaire envahit d'abord la première rangée de
cellules en rosette, puis les suivantes.

Dans d'autres cas, le poil cystolithique, entouré d'une ou de deux rangées de cellules en rosette, peut obéir à la tendance qui a été signalée déjà comme fréquente dans ces sortes de formations, la tendance à la résorption. C'est ainsi que, chez *Cerinthe minor* L. et *C. aspera* Roth., un poil entouré d'une ou deux rangées de cellules en rosette se résorbe dans la feuille adulte et se réduit à une cellule centrale incrustée de calcaire. Des éminences mamillaires du même genre se retrouvent, nous l'avons vu, chez *Verbena bonariensis* L. et ont une origine semblable.

On peut, suivant toute probabilité, rattacher au même ordre de formations les éminences mamillaires de la feuille d'*Omphalodes linifolia* Mœnch, qui, à l'état adulte, ressemblent entièrement à celles de Cerinthe. Mais ici le développement n'est plus le même : il n'y a plus de poil primitif et la cellule centrale provient directement de la différenciation d'une cellule épidermique; il faut, je crois, voir là une abréviation du développement, quelque chose d'analogue à ce qui se passe pour les cystolithes des Urticinées, dont les uns se développent aux dépens d'un poil, et les autres, par abréviation de leurs stades formatifs, aux dépens d'une simple cellule épidermique.

L'épaississement de la paroi externe de la cellule centrale serait ici le dernier vestige de cette formation trichomatique. Nous avons vu que, dans un certain nombre de cas, la cellule centrale pouvait même se diviser par une cloison transversale, et ce fait nous conduit, par une transition naturelle, aux groupes épidermiques spéciaux que présente la surface inférieure de la feuille chez certaines Cucurbitacées (Momordica). Très simples chez *Momordica echinata* W., où ils sont formés uniquement, le plus souvent, par la division en deux d'une cellule mère primitive, ces groupes acquièrent, chez *M. Charantia* L., une complexité plus grande : la cellule se divise en plus grand nombre de fois, et s'entoure d'une rosette de cellules quelquefois double.

Nous venons de rappeler les différenciations que peut subir le poil simple, calcaire, entouré à la base d'une rosette de cellules également calcaires. Il faut encore rappeler que, dans certains cas, le poil qui est le point de départ de cette formation peut être pluricellulaire. Deux formes bien distinctes peuvent alors se présenter : celle que nous avons étudiée chez *Helianthus annuus* L. et *H. tuberosus* L., et celle des Cucurbitacées : *Cucurbita pepo* L., par exemple.

Dans le premier cas, l'incrustation calcaire du poil pluricellulaire suit à peu de chose près la même marche que celle du poil unicellulaire ; dans la cellule basilaire, elle se manifeste sous forme de concrétions ponctuées, qui disparaissent entièrement par les acides. Dans la seconde, les concrétions se déposent dans une masse cellulosique stratifiée, qui remplit entièrement la cavité cellulaire et peut adhérer aux parois par toute sa surface, et ressembler alors à la masse cellulosique de la plupart des poils de Borraginées, ou par un point seulement, et constituer alors un véritable cystolithe.

Dans le second cas, la marche de l'incrustation est sensiblement différente ; la présence du carbonate de chaux détermine toujours l'accumulation dans le poil d'une quantité assez considérable de cellulose ; mais cette accumulation se manifeste alors par l'épaississement des parois ; la matière calcaire n'est plus mêlée aux assises de cellulose, mais déposée seulement dans les cavités cellulaires très réduites. Rappelons enfin que, chez *Ecbalium elaterium* Rich., des poils semblables existent, mais non entourés d'une rosette de cellules basilaires.

Toutes les formations que nous venons de passer en revue se rattachent directement ou indirectement à une forme primitive, le poil simple, à cavité occupée par un dépôt cellulosique incrusté de carbonate de chaux, tel que nous l'avons vu chez *Lithospermum fruticosum* L., *Cynoglossum cheirifolium* L., *C. furcatum* Wallich, etc. Mais cette forme primitive elle-même peut devenir l'origine de toute une autre série de différentiations, si elle obéit, dès le début, à la tendance à la résorption, que nous avons déjà vue se manifester dans plusieurs cas.

Les concrétions calcaires d'*Ulmus campestris* L., et une partie

10

de celles de *Verbena bonariensis* L. en sont un exemple. Sur les feuilles d'Ulmus, les poils cystolithiques ont, à l'origine, une cavité assez vaste, occupée en grande partie par une masse cellulosique incrustée de carbonate de chaux. Plus tard, les parois du poil s'épaississent, et la cavité se restreint, jusqu'à ne plus occuper que la moitié inférieure du poil ; la portion supérieure de celui-ci peut alors se détruire, et il ne subsiste qu'une formation toute particulière, qui peut même subir une nouvelle résorption et perdre alors toute trace de son origine trichomatique. Nous avons vu un phénomène du même ordre intervenir, pour modifier l'aspect des poils de *Verbena bonariensis* L.

Mais, le plus souvent, la résorption suit une marche plus régulière, et, dans ce cas, la masse cystolithique, au lieu de remplir exactement la cavité du poil, n'en occupe qu'une portion et se façonne en un corps généralement globuleux, relié aux parois, soit par une large surface, soit par un pédicule plus ou moins étroit. La première manifestation de cette tendance se montre chez quelques Borraginées : *Symphytum asperrimum* Bbrst. (face inférieure de la feuille), *Heliotropium Peruvianum* L. Les poils, qui, à l'état jeune, se rapportent entièrement au type primitif, subissent ensuite un commencement de résorption, et leur contenu commence à se façonner en un cystolithe. Chez quelques autres Borraginées (*Heliotropium Europeum* L., *Tiaridium Indicum* L., *Tournefortia heliotropioides* Hook.), la résorption va un peu plus loin, et quelquefois même le poil primitif peut ne plus laisser de traces extérieures. Un cystolithe véritable s'est alors constitué.

De même, dans le groupe des Urticacées, quelques types (Artocarpus, Broussonetia), portent des poils qui ne subissent qu'un commencement de résorption, et s'arrêtent au même point que ceux de Symphytum et d'Heliotropium. Mais, le plus souvent, la résorption est complète ; chez les Morus, Cannabis, Humulus, enfin chez *Ficus carica* L., le poil primitif disparaît presque toujours dans la feuille adulte, qui ne porte que des cystolithes bien développés.

Comme on l'a vu précédemment, il m'a été possible de voir sur quelques types spéciaux comment, par suite d'une abréviation successive du développement, le poil primitif s'est réduit de plus en plus, comment son existence est, en même temps, devenue de plus en plus courte, et comment enfin il finit par disparaître complètement. L'étude de types tels que *Ficus repens* Willd. Rox., *Celtis australis* L., *C. occidentalis* L., *Bœhmeria nivea* H., *B. utilis* H., *Forskohlea angustifolia* Retz., nous a permis de suivre pas à pas cette réduction, et de comprendre comment on peut rattacher aux formations précédentes les cystolithes de *Ficus elastica* Roxb., *F. macrophylla* Desf., *F. rubiginosa* Desf., Parietaria et Urtica, qui se développent aux dépens d'un epaississement de la paroi supérieure d'une cellule épidermique, sans que, à aucune période de leur évolution, on puisse saisir rien qui ressemble à un poil [1].

---

[1] Il faut rappeler ici que Schleiden, *loc. cit.*, I, pag. 529, avait déjà signalé l'analogie qui existe entre les cystolithes et les poils calcaires des Borraginées Les poils de *Ficus carica* L., qu'il considérait cependant comme des formations spéciales, et non comme les formes primitives des cystolithes, et ceux de Broussonetia lui servaient d'ailleurs de termes de transition, et il concluait en disant que les cystolithes pouvaient être considérés comme des poils urticants, dont la base seule se serait développée, et dans lesquels la sécrétion se serait modifiée, de manière à fournir un dépôt de carbonate de chaux. Cette idée n'a cependant pas été admise par les auteurs suivants, qui se sont appuyés surtout, pour la combattre, sur la présence des cystolithes dans tous les tissus des Acanthacées ; Schacht, par exemple, s'appuie sur ce dernier fait, et avoue que, pour les cystolithes épidermiques, cette opinion ne pourrait pas rencontrer de grandes objections. Weddel mentionne également cette opinion de Schleiden et s'appuie sur les mêmes motifs pour la repouser. Enfin, K. Richter, après avoir constaté que les masses contenues dans les poils de Broussonetia et de *Ficus carica* L. possèdent une structure entièrement analogue à celle des cystolithes et peuvent leur être identifiées, compare ces poils à ceux des Borraginées et affirme que, dans ces derniers, le carbonate de chaux n'est pas déposé dans une masse fondamentale organique, mais simplement accumulé à l'intérieur du poil, qui demeure entièrement vide après l'action d'un acide. Richter ne dit pas sur quelles Borraginées a porté son examen; mais nous avons vu que, si les faits avancés par lui sont exacts pour quelques-uns des membres de cette famille, il en est d'autres fort nombreux qui présentent, non seulement une masse organique servant de support au carbonate de chaux, mais même des cystolithes véritables. Quant à la

Peut-on rattacher aux cystolithes dont nous venons de parler ceux des Procridées et des Acanthacées? Bien que ce soient là des formations qui, au point de vue de la constitution chimique et de l'arrangement relatif des parties qui les constituent, ont avec les précédentes des relations étroites, nous avons cependant constaté entre ces deux groupes de cystolithes des différences considérables et qui font hésiter lorsqu'on songe à les rapprocher.

Nous avons vu que les cystolithes des Procridées et des Acanthacées se trouvent en abondance dans tous les tissus (la portion ligneuse des faisceaux fibro-vasculaires exceptée), tandis que ceux des Urticées sont exclusivement limités à l'épiderme. Leur forme extérieure diffère complètement, ainsi que leurs relations avec le pédicule et les parois de la cellule cystolithique. Les différences ne sont pas moins grandes dans leur structure intime, et nous avons vu que, si les stries concentriques ont, dans les deux cas, la même signification, il en est tout autrement pour les stries radiales, qui représentent, dans un cas, des points où la substance cellulosique est moins dense, et, dans l'autre, des points où il s'est produit une interruption de matière organique. Les cystolithes des Urticées ont leur masse organique formée de cellulose mêlée à une substance gommeuse, avec un léger dépôt siliceux, tandis qu'on ne trouve ni gomme ni silice dans les cystolithes des Acanthacées.

A toutes ces différences, il faut en ajouter une dernière, qui est peut-être la plus importante: l'action des cystolithes sur la lumière polarisée n'est pas la même suivant que l'on s'adresse à une Acanthacée ou à une Urticée. Tandis que, dans le premier cas, on constate des phénomènes très nets de polarisation lamellaire, rien de semblable ne se produit dans le second. D'autre part, chez les Acanthacées, au phénomène de polarisation

position des cystolithes des Acanthacées dans tous les tissus, c'est une objection qui ne peut nous arrêter, puisque les nombreuses différences qui existent entre ces corps et les cystolithes des Urticinées permettent de les considérer comme des formations entièrement distinctes à tous les points de vue.

lamellaire s'en ajoute un autre dû à l'état cristallin du carbonate de chaux, tandis que l'incrustation calcaire des cystolithes d'Urticées, n'agissant pas sur la lumière polarisée, doit être considérée comme déposée à l'état amorphe.

Je montrerai d'ailleurs, dans la seconde partie de ce travail, que des différences non moins tranchées existent entre ces deux groupes de formations au point de vue physiologique.

Il me paraît donc, quant à présent, impossible de placer les cystolithes des Acanthacées (comme ceux des Procridées) à côté des cystolithes des Urticées, et je crois plus juste de les considérer comme des formations spéciales qui peuvent n'avoir avec les précédentes aucune communauté d'origine, et dont la signification morphologique est toute différente.

Le tableau suivant, qui comprend les diverses formes de cystolithes et de poils cystolithiques, résume les considérations qui précèdent :

Poils simples à parois couvertes de concrétions calcaires.

(Crucifères. — Cynoglossum pictum. — Cynoglossum (Omphalodes) linifolium.)

Poils simples à cavité occupée par un dépôt cellulosique incrusté de carbonate de chaux.

(Lithospermum fruticosum. — Cynoglossum cheirifolium. — Cyn. furcatum. — Calice de Myosotis sylvatica. — Parietaria.)

Poils simples, à dépôt cellulosique et calcaire, et entourés de cellules en rosette, également incrustées.

(Myosotis sylvatica. — Lithospermum arvense. — L. purpureo-ceruleum. — Anchusa italica. — Symphytum Tauricum. — Celtis.)

Poils simples à ponctuations calcaires, entourés à la base de cellul. en rosette non incrustées de carb. de chaux.

(Tige de Myosotis sylvatica.)

Poils simples à ponctuations calcaires, entourés de cellules en rosette incrustées de carbonate de chaux.

(Lithospermum fruticosum.)

Poils à parois très épaissies, à cavité occupée par un dépôt cellulosique et calcaire, sans cellules en rosette pluricellulaires.

(Ecbalium.)

Poils entourés de cellules en rosette, à dépôt cellulosique et calcaire, mais pluricellulaires.

(Cucurbita) (Helianthus).

Poils à double rosette.

(Echium vulgare. — E. Cynoglossoides. — Symphytum asperrimum.)

Poils à rosette formée de plusieurs rangées de cellules.

(Cassina.)

Poils simples, à dépôt cellulosique et calcaire, mais dont la partie supérieure se détruit plus tard, pour donner une formation spéciale.

(Ulmus. — Verbena.)

Poils simples, à dépôt cellulosique et calcaire, mais qui subissent plus tard une résorption plus ou moins complète.

(Symphytum asperrimum. — Heliotropium Peruvianum. — Broussonetia papyrifera. Artocarpus.)

Poils de même nature que les précédents, mais se résorbant entièrement, pour former un cystolithe.

(Tournefortia. — Triaridium. — Heliotropium. — Cannabis. Morus. Ficus carica.)

Poils de même nature que les précédents, mais se résorbant plus tard pour former des éminences mamillaires.

(Cerinth. — Verb.)

Éminences mamillaires, non précédées de l'apparition d'un poil (par abréviation du développem.)

(Omphalodes.)

Éminences mamillaires un peu plus complexes.

(Momordica.)

Cystolithe, dont l'apparition est précédée d'un développement externe de la paroi cellulaire.

(Ficus repens) (Bahmeria)
(Celtis) (Forskohlea)
Cystolithes vrais.
(Ficus elastica) (Parietaria)
— macrop.) (Urtica)
— rubigin.)
(Pilea....)
(Acanthac.)?

(Humulus.)

Les mêmes avec cellules en rosette.

DEUXIÈME PARTIE
ÉTUDE PHYSIOLOGIQUE.

CHAPITRE PREMIER.

CONDITIONS DE DÉVELOPPEMENT.

§ I. *Détail des Expériences.*

Si la constitution et la signification morphologique des cysto-lithes ont fixé l'attention d'un nombre relativement considérable d'observateurs, il est loin d'en être de même pour leur rôle phy-siologique. Weddel seul en parle, pour émettre une supposition qu'aucun fait ne vient appuyer.

« Quant au rôle des cystolithes considérés dans leur ensemble, dit-il[1], il est difficile de le déterminer avec précision. Si cepen-dant on a égard à leur situation, à l'époque où ils acquièrent leur entier développement (le moment de la chute des feuilles[2]), et enfin à leur composition, on est amené à les regarder plutôt comme un genre d'excrétion que comme une sécrétion utile à quelqu'une des fonctions du végétal. Sous ce rapport, les cysto-lithes peuvent donc fort bien être assimilés aux autres matières minérales que l'on rencontre dans les cellules végétales, et en particulier à l'état de cristaux. On sait que Link a comparé ces derniers aux calculs que l'on rencontre chez les animaux ; mais l'analogie entre certains de ces calculs et les cystolithes me paraît être bien plus remarquable. »

Tous les autres auteurs qui se sont occupés des cystolithes paraissent avoir adopté ces conclusions, car aucun d'eux ne re-

---

[1] *Sur les cyst.*, etc., *Ann. des Sc. Nat.*, *Bot.*, 4ᵉ sér., vol. II, pag. 271.
[2] Ce dernier fait n'est rigoureusement exact que pour les cystolithes d'Acan-thacées.

vient sur ce sujet, et ils laissent tous dans l'obscurité ce côté de la question.

On s'accorde d'ailleurs généralement à admettre que la présence du carbonate de chaux dans les cendres des végétaux est uniquement due à un entraînement mécanique et qu'elle résulte du dépôt des bicarbonates, qui passent à l'état de carbonates insolubles par évaporation d'un équivalent d'acide carbonique. Et en effet, la chaux se trouve accumulée dans les tissus végétaux là surtout où l'évaporation s'effectue avec le plus d'intensité. Cependant, il paraît difficile qu'on puisse s'en tenir exclusivement à cette théorie, qui tendrait à faire considérer le carbonate de chaux comme un corps inerte, entraîné mécaniquement dans le corps de la plante, et, partant, sans aucune utilité dans l'accomplissement de ses fonctions.

En ce qui concerne spécialement les cystholithes, il paraissait d'abord assez peu satisfaisant pour l'esprit qu'une substance éliminée par le végétal et destinée à ne plus jouer aucun rôle dans sa vie affectât des dispositions si complexes et en même temps si constantes. D'ailleurs un certain nombre de faits d'observation semblaient montrer des variations assez fortes dans la quantité de carbonate de chaux contenue dans les cystolithes : des feuilles de *Ficus elastica* Roxb., malades, ne contenaient plus de traces de matière calcaire ; cette matière diminuait considérablement dans des feuilles étiolées, etc.

Ces remarques m'ont conduit à examiner l'influence de l'étiolement de la feuille sur la quantité de carbonate de chaux que contiennent les cystolithes ; les résultats de cet examen sont exposés dans un des chapitres suivants.

D'autre part, il m'a paru intéressant d'examiner comment s'effec'uait la première apparition des cystolithes dans les semis, et quelle influence pourrait exercer sur leur développement la constitution du sol sur lequel la graine se développerait. Toutes les plantes à cystolithes possèdent dans leurs graines des réserves calcaires plus ou moins abondantes (accumulées sous forme de phosphate de chaux), et il pouvait être intéressant de constater si, le cas échéant, ces réserves pourraient contribuer à fournir les matériaux indispensables pour l'édification des cysto- lithes.

Mes recherches ont donc porté sur deux points :

1. L'apparition des cystolithes dans les semis et l'influence de la composition du sol sur leur développement font l'objet du présent chapitre.

2. La résorption des cystolithes dans les feuilles étiolées est étudiée dans le chapitre suivant.

Dans ma première série d'expériences, je mettais à germer une quantité déterminée de graines dans des pots recouverts d'une cloche, pour éviter l'accès des poussières atmosphériques, et qui recevaient à des intervalles réguliers une même quantité d'eau distillée. Les pots contenaient, soit de la terre ordinaire, soit de la silice pure (quartz pulvérisé, calciné, et lavé à l'acide chlorhy- drique), soit du carbonate de chaux ou du sulfate de chaux.

1re *Expérience.* — Le 29 novembre 1882, 30 graines d'*Urtica Dodartii* L. sont mises à germer : 10 sur de la silice pure, 10 sur du carbonate de chaux, 10 sur de la terre ordinaire. Une graine de même nature, examinée avant la germination, présente les caractères suivants :

L'assise externe des enveloppes séminales, constituée par une rangée de grandes cellules prismatiques, contient un nombre assez considérable de mâcles d'oxalate de chaux. L'embryon est entouré par un albumen dont les grandes cellules polygonales sont gorgées de grains d'aleurone. Les cotylédons et l'axe de l'embryon sont eux-mêmes pourvus d'une quantité considérable ce réserves aleuriques.

Tous ces grains d'aleurone, dont les plus gros se trouvent dans l'albumen (où ils atteignent un diamètre de $0^{mm},005$), et les plus petits dans les cellules épidermiques des cotylédons et les parties centrales de l'axe (où leur diamètre ne dépasse guère $0^{mm},0015$ à $0^{mm},002$), manifestent les réactions caractéristiques des forma- tions aleuriques : en parties solubles dans l'eau, ils se dissolvent

entièrement dans la potasse ; les réactifs iodés les colorent en
jaune roux, et le réactif de Millon en rouge brique. Si on les
examine dans la glycérine chaude, ou après traitement par le
bichlorure de mercure, on peut distinguer à l'intérieur de chacun
d'eux un cristalloïde prismatique et un globoïde arrondi. Cette
structure peut encore très aisément être mise en évidence par
le procédé employé par M. A. Gris : l'eau sucrée iodée colore en
effet en jaune roux la masse du grain, qui prend une forme polyédrique, tandis que le globoïde s'isole, au sommet du grain, sous
forme d'un globule incolore.

Ces graines renferment donc une certaine quantité de chaux,
qui se présente à l'état d'oxalate dans les enveloppes, à l'état
de phosphate copulé dans les grains d'aleurone (globoïdes).

Le 5 décembre, toutes les graines ont émis leurs radicules, qui
atteignent une longueur de 4 à 6 ^{mm}. Il n'y a pas de différences
extérieures à noter dans l'état des graines des trois lots. Une
graine est prise dans chaque lot et soumise à un examen plus
détaillé :

Dans celle du 1er lot (silice pure), dont la radicule mesure
6 ^{mm}, les cellules du parenchyme endospermique, dépourvues
de leur contenu aleurique, ne présentent plus qu'une utricule azo-
tée rétractée, enveloppant quelques granulations graisseuses. Par
suite de l'accroissement des cotylédons, ces cellules ont été com-
primées latéralement, et l'épaisseur de l'albumen a considérablement diminué. Dans les cellules du parenchyme cotylédonaire, la
gangue granuleuse, de nature graisseuse, soluble dans l'éther, et
colorée en blanc bleuâtre par le chloro-iodure de zinc, qui entoure
les grains d'aleurone, est beaucoup plus considérable qu'avant la
germination. Les grains aleuriques, au contraire, sont entièrement
déformés : le cristalloïde et le globoïde se sont séparés, et même
dans un très grand nombre de cas ce dernier a disparu. Le
corps du grain a le plus souvent pris une forme cristalline ou
irrégulièrement mamelonnée. Dans *toutes* les cellules de l'épiderme supérieur, et *seulement* dans ces cellules, ont apparu de
nombreux grains d'amidon composés ; vers la base des cotylé-

dons, ce dépôt amylacé s'est également produit dans l'épiderme inférieur, et même, çà et là, dans quelques cellules du parenchyme. L'épiderme est d'ailleurs encore parfaitement clos et ne présente aucune trace d'orifices stomatiques, même en formation. La destruction des grains d'aleurone est plus avancée dans l'hypocotyle que dans les cotylédons ; presque tous les globoïdes ont disparu ; chacune des cellules du parenchyme renferme plusieurs grains d'amidon composés.

Les graines du 2e lot (calcaire pur) et du 3e lot (terre ordinaire), examinées en même temps que la précédente, et dont les radicules avaient atteint la même longueur, présentent à très peu près les mêmes caractères dans leurs diverses parties. Il est à remarquer seulement qu'ici les grains d'aleurone des cotylédons et même de l'hypocotyle, bien que tout aussi fortement attaqués et déformés que dans le cas précédent, sont encore *tous* pourvus de leur globoïde.

Le 9 décembre, toutes les radicules ont atteint une longueur beaucoup plus considérable, et dans quelques semis les cotylédons verts commencent à se dégager des enveloppes séminales. D'une manière générale, les graines placées sur la silice pure sont plus avancées que celles des deux autres lots. Il faut, au moins en partie, attribuer ce fait à ce que ce substratum, formé de fragments de quartz pulvérisé, retient mieux l'eau et demeure dans un état d'humidité plus considérable que les deux autres.

Trois graines sont encore prélevées, une sur chaque lot, et choisies à un état de développement à très peu près identique. Chez toutes trois, les cotylédons, déjà verts, sont encore complètement recouverts par les enveloppes séminales.

Dans la graine prélevée sur le 1er lot (silice pure), le parenchyme cotylédonaire a acquis sa constitution définitive et montre des grains de chlorophylle dans toutes ses cellules. Les éléments épidermiques, considérablement développés, se distinguent nettement du parenchyme. Dans l'épiderme supérieur, quelques-unes de ces cellules épidermiques ont leur paroi externe fortement épaissie (Voir fig. 8, Pl. III). C'est là le seul indice visible d'une formation cystolithique. Les enveloppes séminales n'ont pas changé d'aspect, et dans leur assise externe les mâcles sont dans le même état qu'avant la germination.

Dans les graines du 2ᵉ lot (calcaire pur) et du 3ᵉ lot (terre ordinaire), les formations cystolithiques sont un peu plus avancées dans leur développement, et, à côté de quelques cellules de l'épiderme supérieur dont la paroi externe est épaissie, on en trouve un grand nombre dans lesquelles l'épaississement est moins considérable et la paroi externe se prolonge, à l'intérieur de la cavité cellulaire, en un appendice claviforme dont l'extrémité libre est légèrement arrondie (Voir fig. 9, Pl. III). Ces formations sont encore exclusivement cellulosiques, et les réactifs n'y dénotent aucune trace de carbonate de chaux. Malgré cette absence de la matière calcaire, il paraît cependant y avoir déjà une relation entre le développement plus ou moins rapide de ces formations cellulosiques et la présence du carbonate de chaux dans le sol.

Le 11 décembre, presque toutes les graines montrent les cotylédons entièrement dégagés des enveloppes séminales. Trois graines, au même degré de développement, sont encore prélevées, une sur chaque lot, et leur examen donne les résultats suivants :

L'épiderme des cotylédons dans ces trois graines porte des stomates, soit complètement formés, soit en voie de formation ; il ne paraît pas y avoir de différence, à cet égard, entre les trois semis. Dans le semis du 1ᵉʳ lot (silice pure), l'épiderme supérieur des cotylédons présente en assez grand nombre des formations semblables à celles décrites précédemment dans les semis du 2ᵉ et du 3ᵉ lot et représentées fig. 8 et 9 (Pl. III). Les réactifs montrent ces formations constituées par de la cellulose pure, sans structure appréciable et entièrement dépourvues de tout dépôt, soit calcaire, soit siliceux.

Les semis du 2ᵉ et du 3ᵉ lot ont des cystolithes plus développés : leur extrémité arrondie a pris des dimensions plus considérables, tandis que le pédicule est devenu très mince. Ce pédicule, assez court dans les cystolithes encore jeunes, s'allonge en s'amincissant encore à mesure que ces formations se développent. Le dépôt de carbonate de chaux commence à se former : peu abondant et appréciable seulement à l'aide des réactifs dans les cystolithes jeunes, il devient plus considérable dans ceux plus avancés et est alors visible sous forme de petits mamelons, qui donnent à l'extrémité, d'abord globuleuse et lisse, un aspect framboisé caractéristique (Voir fig. 10, Pl. III).

Les caractères qui précèdent sont communs aux semis du 2ᵉ et du 3ᵉ lot ; mais il y a entre les deux des différences appréciables et qu'il faut signaler : en effet, dans le semis du 2ᵉ lot (calcaire pur), les formations cystolithiques sont très nombreuses ; on en compte une sur trois ou quatre cellules épidermiques (dans l'épiderme supérieur seulement, l'épiderme inférieur étant dépourvu de ces corps). Ces cystolithes sont en outre très développés : le pédicule est long et mince, la tête déjà assez grosse et abondamment pourvue de calcaire ; c'est surtout dans ce semis que j'ai rencontré des formations correspondant à celle représentée fig. 10 (Pl. III). Dans le semis du 3ᵉ lot (terre ordinaire), au contraire, le développement est moins avancé : le pédicule est plus court et plus épais ; la tête, déjà globuleuse, mais moins volumineuse et encore lisse, ne donne, avec les acides, qu'un assez faible dégagement d'acide carbonique ; enfin, ces cystolithes sont moins nombreux et on n'en trouve guère qu'un sur six ou sept cellules épidermiques (dans l'épiderme supérieur seulement).

Le 20 décembre, trois semis sont encore examinés : leurs cotylédons sont entièrement développés, et les deux premières feuilles commencent à apparaître. Dans le semis développé sur de la silice pure, les cystolithes des cotylédons sont tous parvenus à l'état représenté fig. 9 (Pl. III) ; leur pédicule est bien développé, assez long et un peu renflé à son extrémité libre ; il ne contient aucune trace de carbonate de chaux. Dans les toutes jeunes premières feuilles, quelques cellules épidermiques commencent à épaissir leur paroi externe.

Dans le semis développé sur de la terre ordinaire, les cystolithes ont tous atteint l'état représenté fig. 10 (Pl. III) : ils sont
pourvus d'une assez notable quantité de carbonate de chaux.
Quelques-uns même ont atteint une taille un peu plus forte et sont
plus riches en calcaire ; ce dernier fait s'est produit pour tous
les cystolithes du troisième semis, développé sur du carbonate
de chaux pur. Dans les jeunes feuilles, les cystolithes commencent à se développer ; on peut constater dans leur évolution les
mêmes caractères que pour les cystolithes des cotylédons : ceux
du semis développé sur le carbonate de chaux pur sont un peu
plus avancés que ceux du semis développé sur de la terre ordinaire.

Des observations successives, faites dans les mêmes conditions
les 23, 26 et 28 décembre, m'ont permis de suivre, comparati-
vement dans les trois lots, l'évolution des cystolithes dans les
premières feuilles et leur apparition dans la deuxième paire de
ces organes. Sans entrer dans le détail de ces observations, il me
suffira de dire que, pour les feuilles comme pour les cotylédons,
les cystolithes, dans les semis du premier lot, ne dépassent jamais
l'état représenté fig. 9 (Pl. III) et ne contiennent pas de carbonate
de chaux ; dans les deux autres lots, ils parcourent toutes les
phases de leur évolution, mais plus rapidement dans les semis
développés sur du carbonate de chaux pur que dans ceux développés sur de la terre ordinaire.

A partir du 28 décembre, les trois semis qui restaient dans le
premier lot commencèrent à dépérir, de sorte que les observations, si elles avaient continué, n'auraient plus porté sur des in-
dividus comparables. Je crus donc devoir terminer là cette expérience.

Si nous résumons les principaux points qui découlent des observations précédentes, nous verrons que :

Les substances calcaires (oxalate de chaux) contenues dans les
téguments séminaux n'ont joué aucun rôle dans le développement des jeunes plantules ;

Les réserves calcaires contenues dans l'albumen ou dans l'embryon sous forme de globoïdes (phosphate de chaux copulé) ont paru disparaître plus rapidement lorsque la germination avait lieu sur un sol formé de silice pure ; cependant aucune partie de ces réserves n'a contribué à la formation de dépôts de carbonate de chaux, soit sous forme de cystolithes, soit à tout autre état ;

Ces réserves n'ont, d'autre part, pas été utilisées non plus pour la formation de cristaux d'oxalate de chaux ; car ces cristaux qui, sous forme de mâcles, sont si nombreux dans les tissus des Urticées, ne s'étaient pas encore montrés dans diverses parties de mes jeunes plantes jusqu'au 30 décembre ;

Dans les plantes développées sur de la silice pure, les cystolithes, soit dans les cotylédons, soit dans les jeunes feuilles, ne sont jamais arrivés à leur entier développement ; le pédicule seul s'est constitué, son extrémité libre s'est un peu renflée, mais il n'a jamais montré de traces de carbonate de chaux et n'a même pas présenté le fort renflement cellulosique qui sert de support au dépôt calcaire. En outre, son développement a été moins rapide que dans les plantes développées sur de la terre ordinaire ou sur du carbonate de chaux pur.

Dans les semis venus sur la terre ordinaire, les cystolithes se sont toujours développés plus rapidement que dans le cas précédent, bien que le développement des plantules fût lui-même un peu retardé ; leur évolution était régulière, et ils atteignaient normalement leur état définitif.

Les mêmes faits se sont produits pour les plantes développées sur du carbonate de chaux, mais avec une rapidité peut-être un peu plus grande ; le nombre des formations cystolithiques était en outre, ici, beaucoup plus considérable.

Cette expérience fut répétée dans les mêmes conditions, le 2 janvier, sur des graines de *Cannabis sativa* L., *Urtica urens* L., et *Dipteracanthus repens* Neess. Sur les trente graines de cette dernière espèce qui avaient été semées, aucune ne leva, et je dus me borner à constater que les réserves nutritives, dans les cotylédons et dans l'axe lui-même, étaient constituées par des grains d'aleurone contenant des globoïdes arrondis très visibles. Au contraire, les graines d'Urtica et de Cannabis germèrent très bien, et pour ces deux espèces je pus confirmer en tous points les résultats de ma première expérience.

Je vais donner ici le détail de mes observations, mais en le réduisant aux points importants, pour éviter les redites :

2ᵉ Expérience. — Le 2 janvier, 30 graines *Cannabis sativa* L. sont placées :

10 sur un sol formé de silice pure (lot nº 1) ;

10 sur un sol formé de terre ordinaire (lot nº 2) ;

10 sur un sol formé de carbonate de chaux (lot nº 3).

L'examen d'une graine avant la germination montre que, l'albumen étant nul, les réserves nutritives sont accumulées dans les deux cotylédons, qui sont étroitement appliqués l'un contre l'autre. Une coupe de ces cotylédons les montre formés de cellules polyédriques disposées suivant douze ou quinze rangées. L'épiderme est formé de cellules assez grandes, à peu près aussi hautes que larges, et constituant un revêtement continu, non interrompu par des orifices stomatiques. Au-dessous de l'épiderme supérieur, les trois premières rangées de cellules parenchymateuses sont très allongées et présentent la forme caractéristique des cellules en palissade. Au-dessous, les éléments parenchymateux sont polygonaux, à parois minces, irrégulièrement mais étroitement unis, sans méats intercellulaires. Toutes ces cellules, tant parenchymateuses qu'épidermiques, sont gorgées de grains d'aleurone arrondis, incolores, dont l'intervalle est occupé par une matière grisâtre soluble dans l'éther et de nature graineuse. Dans le parenchyme cotylédonaire, ces grains mesurent en moyenne 0ᵐᵐ,005 de diamètre ; ils sont beaucoup plus petits dans les cellules épidermiques, où leur diamètre varie entre 0ᵐᵐ,0025 et 0ᵐᵐ,0035. Ils manifestent les réactions caractéristiques des formations aleuriques. La glycérine chaude, le bichlorure de mercure, l'eau sucrée iodée, permettent de distinguer à leur intérieur un cristalloïde assez gros et un globoïde incolore.

Le 8 janvier, toutes ces graines ont émis leur radicule, dont la longueur atteint 5ᵐᵐ en moyenne. (La veille, là radicule ne se montrait à l'extérieur que sur deux graines, appartenant au lot n° 1. D'une manière générale, les radicules de ce lot sont un peu plus développées que celles des deux autres.) Trois graines sont examinées : dans les trois, on constate l'augmentation de la gangue granuleuse grisâtre qui entoure les grains d'aleurone, la déformation complète de ces derniers et l'apparition dans l'épiderme de nombreux grains d'amidon. Dans la graine prise sur le lot n° 1, les grains d'aleurone encore pourvus de leur globoïde sont beaucoup moins nombreux que dans les deux autres graines.

Le 8 janvier, 3 graines du 1ᵉʳ lot et une du 2ᵉ commencent à montrer leurs cotylédons.

Le 10, les cotylédons de presque tous les semis commencent à se dégager des enveloppes. L'examen de trois nouvelles graines montre le commencement des formations cystolithiques. Dans la graine prise sur le 1ᵉʳ lot, un certain nombre de cellules épidermiques commencent à épaissir leur paroi, qui s'accroît vers l'extérieur, pour former un poil conique très court dépourvu de tout dépôt interne. Dans les graines du 2ᵉ et du 3ᵉ lot, ces formations sont un peu plus avancées et montrent à leur pointe un dépôt cellulosique qui commence à se former. Le carbonate de chaux n'apparaît pas encore.

Le 14, les cotylédons d'une grande partie des graines (de toutes dans le 1ᵉʳ lot) sont entièrement dégagés des enveloppes séminales. Dans une graine du 1ᵉʳ lot, les formations cysto-lithiques conservent l'aspect qu'elles avaient déjà le 10. Quelques-unes seulement, très rares, montrent à leur pointe un commencement de dépôt cellulosique. Dans les graines du 2ᵉ et du 3ᵉ lot, le dépôt cellulosique s'est au contraire presque complètement effectué ; il remplit une grande partie de la cavité du poil et commence à s'incruster de carbonate de chaux. Ces formations sont plus nombreuses et paraissent plus riches en matière calcaire dans le semis provenant du 3ᵉ lot.

Le 18, trois semis sont encore examinés : leurs premières feuilles

11

commencent à apparaître. Les formations cystolithiques des cotylédons n'ont subi aucune modification dans le semis pris sur le
lot n° 1. Dans les deux autres, la richesse en chaux a augmenté
dans de notables proportions ; en outre, un grand nombre de
ces formations, surtout dans le semis du 3ᵉ lot, ont subi un
commencement de résorption, et se montrent sous l'aspect représenté fig. 23 et 24 (Pl. V).

Le 20, les semis du 1ᵉʳ lot sont dans un état de dépérissement
qui ne permet pas de continuer la comparaison. L'expérience est
donc terminée ce jour-là. L'examen de trois nouveaux semis
montre dans les jeunes feuilles qui commençaient à se développer, des phénomènes analogues à ceux qui se sont produits au
début dans les cotylédons.

3ᵉ *expérience*.— Le 2 janvier, 30 graines d'*Urtica urens* L.
sont semées :

10 sur de la silice pure (lot n° 1);

10 sur de la terre (lot n° 2) ;

10 sur du carbonate de chaux (lot n° 3).

La graine d'*Urtica urens* est pourvue d'un albumen assez volumineux. Les grandes cellules polygonales de cet albumen, celles
qui forment la trame des cotylédons et l'axe, sont gorgées de
grains d'aleurone, dont tous les caractères sont ceux des grains
précédemment décrits chez *Urtica Dodartii* et *Cannabis sativa* L.;
leurs dimensions varient, suivant les tissus, entre $0^{mm},002$ et
$0^{mm},005$.

Le 7 janvier, toutes les graines ont émis leur radicule (à l'exception de 3 : 2 dans le 1ᵉʳ lot, 1 dans le 3ᵉ, qui ne germèrent pas).
Comme dans les expériences précédentes, les graines examinées
montrent une augmentation sensible de la matière graisseuse,
une déformation complète des grains d'aleurone, et l'apparition
de grains d'amidon dans l'épiderme. Cependant, la graine prise
sur le lot n° 1 ne montre pas une disparition plus complète des
globoïdes que les deux autres.

Le 10 janvier, trois graines dont les cotylédons commencent à se dégager des enveloppes sont examinées : celle prise dans le 1er lot montre sur ses cotylédons quelques cellules épidermiques, encore rares, dont la paroi externe commence à s'épaissir. Ces cellules sont plus nombreuses et l'épaississement plus marqué dans les cotylédons des semis pris dans les deux autres lots.

Le 14, trois autres semis sont examinés, dont les cotylédons viennent de se débarrasser entièrement des enveloppes. Sur le semis pris dans le 1er lot, les cellules épidermiques différenciées sont plus nombreuses, et l'épaississement plus fort que dans l'observation précédente ; chez quelques-unes, la paroi commence à former, à l'intérieur de la cavité cellulaire, un prolongement cylindrique. Ce prolongement existe déjà dans toutes les cellules cystolithiques des semis appartenant aux lots 2 et 3. Dans le dernier, son extrémité commence même, dans la plupart des cas, à s'épaissir sensiblement. Il n'y a pas encore dépôt de carbonate de chaux.

Le 15, dans trois nouveaux semis, dont les cotylédons s'étaient dégagés en même temps que les précédents, c'est-à-dire la veille, on constate les faits suivants : Semis du 1er lot : toutes les cellules cystolithiques sont pourvues de leur prolongement cellulosique ; pas de traces de carbonate de chaux. Semis du 2e lot : les cystolithes sont bien constitués et pourvus d'un dépôt calcaire assez abondant. Semis du 3e lot : les cystolithes sont plus nombreux et leur incrustation calcaire plus riche.

Les 17 et 20, des observations faites sur les premieres feuilles montrent que les choses y suivent absolument la même marche que dans les cotylédons.

Ces deux expériences viennent confirmer dans tous ces points les résultats déjà obtenus avec *Urtica Dodartii* L ; chez *Urtica urens* L. cependant, je n'ai pu constater, comme je l'avais fait pour *U. Dodartii* L. et *Cannabis sativa* L., la disparition plus complète des globoïdes dans les graines placées sur de la silice pure, lorsque la radicule s'est montrée. Il faut tenir compte cependant des difficultés que rencontre l'observation dans ces conditions. Pour tous les autres points, il y a concordance parfaite ; toujours les formations cystolithiques se sont arrêtées dès le début de leur évolution, dans les semis élevés sur de la silice ; ils ont au contraire atteint, dans les autres semis, leur état définitif, mais plus rapidement sur le carbonate de chaux pur ; les plantes développées sur ce dernier sol ont en outre montré toujours des cystolithes plus nombreux et plus fortement incrustés de calcaire. Ce sont là, d'ailleurs, des résultats peu surprenants et qu'il était naturel de prévoir.

L'essai fait sur des graines de *Dipteracanthus repens* Neess n'ayant pas réussi (aucune des graines semées n'avait levé, j'ignore pour quelle cause), je n'avais encore aucun renseignement sur ce qui se passe dans les semis d'Acanthacées placés dans les mêmes conditions. Je voulais en outre m'assurer s'il était nécessaire, pour provoquer le développement des cystolithes, que la chaux fût contenue dans le sol à l'état de carbonate, ou si un autre sel de chaux, le sulfate par exemple, suffirait pour permettre le développement de ces formations. C'est dans le but d'éclaircir ces deux points que j'installai, le 18 janvier, trois nouvelles expériences sur des graines d'*Urtica pilulifera* L., *Urtica Dodartii* L., et *Cannabis sativa.* L. ; et, le 22, deux autres, sur des graines de *Justicia hyssopifolia* L. et *Thunbergia alata* Bot. Ces expériences devaient en outre me servir à vérifier de nouveau les résultats précédemment obtenus. Elles furent installées de la même façon que les trois premières : les graines étaient disposées, dans de petits pots, sur des sols divers. Les pots contenant le même sol (silice pure, calcaire, terre ordinaire, sulfate de chaux), et par conséquent des graines différentes, étaient réunies sous une même cloche destinée à préserver les semis, autant que possible, du contact des matières étrangères. Ils étaient arrosés deux fois par jour avec une petite quantité d'eau distillée [1].

---

[1] Ayant remarqué dans les expériences précédentes que la silice dont je me servais (fragments de quartz pulvérisés, puis calcinés et layés à l'acide chlorhydrique) retenait l'eau plus facilement que la terre et surtout que le carbonate de chaux, j'eus soin, dans cette série d'expériences, de faire varier un peu la quantité

Voici les points principaux que j'ai pu constater de cette façon :

4e *Expérience.* — 40 graines d'*Urtica pilulifera* sont semées :
  10 sur de la silice pure (lot n° 1) ;
  10 sur de la terre ordinaire (lot n° 2);
  10 sur du carbonate de chaux (lot n° 3) ;
  10 sur du sulfate de chaux (lot n° 4).

Comme celles d'*Urtica Dodartii* et d'*U. urens*, la graine d'*U. pilulifera* est pourvue d'un albumen dont les cellules sont gorgées de grains d'aleurone formés d'un cristalloïde et d'un globoïde. Les réserves des cotylédons et de l'embryon sont également des réserves aleuriques.

Le 24 janvier, quatre graines ayant émis des radicules de 3 à 4^{mm}, sont examinées, une dans chaque lot : partout il y a encore augmentation sensible de la matière graisseuse interposée aux grains d'aleurone et déformation de ces derniers. Dans la graine du 1er lot, les globoïdes ont presque entièrement disparu ; on en retrouve au contraire un grand nombre dans les graines des trois autres lots.

Le 28 janvier, quatre nouvelles graines sont examinées, qui sont élevées au-dessus du sol, quoique les cotylédons soient encore enfermés dans les enveloppes. Ces organes sont pourtant déjà verts. Dans la graine du 1er lot, quelques cellules épidermiques ont leur paroi externe épaissie et munie d'un rudiment cystolithique. Les cystolithes sont déjà formés dans les trois autres cas : très nombreux dans les cotylédons du semis développé sur le calcaire, ils sont en plus petit nombre et pourvus d'une moindre quantité de carbonate de chaux dans les semis développés sur le sulfate de chaux et sur la terre ordinaire. Dans tous les cas,

---

d'eau que recevait chaque pot. En arrosant un peu moins copieusement les semis placés sur la silice, un peu plus au contraire ceux placés sur le carbonate de chaux, je pus prévenir les effets de cette accumulation plus ou moins considérable de l'eau et obtenir dans tous mes vases un développement à peu près parallèle des semis, de façon qu'il fut facile, à chaque observation, de trouver dans tous les lots des plantules aussi exactement comparables que possible par leur état de développement.

il est facile de s'assurer que la chaux est contenue dans les semis à l'état de carbonate.

Le 30 janvier, quatre graines dont les cotylédons se sont dégagés nous présentent des faits analogues.

Le 9 et le 17 février, deux observations faites sur des graines dont les premières feuilles ont commencé à se montrer et ont pris un certain développement, donnent encore les mêmes résultats : apparition de rudiments cystolithiques dans le lot n° 1, de cystolithes complets dans les trois autres ; ces cystolithes sont plus nombreux, plus riches en carbonate de chaux dans les semis provenant du lot n° 3 que dans les autres ; leur quantité et leur richesse en calcaire sont à peu près égales dans les semis développés sur de la terre ordinaire et sur du sulfate de chaux.

5ᵉ *Expérience.* — 40 graines d'*Urtica Dodartii* L. sont semées le 18 janvier :

10 sur de la silice pure (lot n° 1);

10 sur de la terre ordinaire (lot n° 2);

10 sur du carbonate de chaux (lot n° 3);

10 sur du sulfate de chaux (lot n° 4).

Le 24 janvier, l'examen de 4 graines dont la radicule a atteint une longueur de 4 à 5 ^{mm} montre dans l'albumen et les cotylédons les grains d'aleurone déformés et en partie dissous. Comme dans les expériences précédentes, on peut constater que, dans la graine du 1ᵉʳ lot, un certain nombre de ces grains sont dépourvus de leur globoïde. Il semblerait cependant que la différence entre cette graine et les trois autres soit, ici, moins tranchée que dans les observations précédentes.

Le 28 janvier, examen de quatre semis dont les cotylédons commencent à se dégager des enveloppes séminales. Dans le semis pris sur le 1ᵉʳ lot, quelques cellules de l'épiderme supérieur commencent à épaissir leur paroi externe. Ces cellules sont plus nombreuses dans les autre semis ; l'épaississement y est en outre plus fort, et quelques cellules montrent déjà la tige cellulosique, rudiment du cystolithe futur. Le carbonate de chaux ne se montre pas encore.

Le 30 janvier, examen de quatre semis dont les cotylédons sont entièrement dégagés des enveloppes. Dans le semis prélevé sur le premier lot, les rudiments cystolithiques se sont complètement formés : ils sont constitués par une tige cellulosique arrondie à son extrémité libre, mais sans renflement appréciable, et dépourvue de carbonate de chaux ; les trois autres semis montrent des cystolithes bien formés, dans lesquels la présence du carbonate de chaux est parfaitement appréciable au moyen des réactifs. Cette substance est abondante surtout dans les cystolithes du semis développé sur du calcaire, et les cystolithes eux-mêmes sont beaucoup plus nombreux dans les cotylédons de ce semis que dans ceux des semis pris sur les lots 2 et 3.

Le 9 février et le 17, deux nouvelles observations faites sur des semis dont les cotylédons sont entièrement développés et dont les premières feuilles ont apparu, donnent des résultats analogues. Les cystolithes sont très bien formés dans les semis des lots 2, 3 et 4, et leur nombre et leur richesse en carbonate de chaux sont surtout très accentués dans le lot n° 3. Dans les semis du 1er lot (silice pure), les cystolithes, peu nombreux, restent à l'état rudimentaire et ne présentent nulle part, ni renflement cellulosique ni dépôt calcaire.

6° *Expérience.* — 40 graines de *Cannabis sativa* L. sont semées le 18 janvier :

10 sur de la silice pure (lot n° 1) ;

10 sur de la terre ordinaire (lot n° 2) ;

10 sur du carbonate de chaux (lot n° 3);

10 sur du sulfate de chaux (lot n° 4).

Le 24 janvier, examen de 4 semis dont la radicule a atteint une longueur moyenne de 4 à 5 mm et dont les cotylédons ne sont pas encore débarrassés des enveloppes séminales. Dans les quatre semis, il y a augmentation de la matière graisseuse interposée aux grains d'aleurone et déformation de ces derniers. La disparition à peu près complète des globoïdes dans le semis du 1er lot se constate très nettement, tandis que ces corps persistent tous dans les semis des 2°, 3° et 4° lots.

Le 27, quatre semis dont les cotylédons commencent à se dégager des enveloppes montrent le début des formations cystolithiques. Dans les graines du 1er et du 4e lot, un certain nombre de cellules épidermiques ont épaissi leur paroi externe et ont formé un poil conique encore dépourvu de tout dépôt à l'intérieur. Le dépôt cellulosique commence au contraire à se former dans les poils un peu développés des semis du 2e et du 3e lot.

Le 30, les cotylédons de tous les semis sont entièrement dégagés des enveloppes ; les formations cystolithiques, dans une graine du 1er lot, n'ont pas changé d'aspect. Dans les semis du 2e et du 3e lot, au contraire, le dépôt cellulosique a envahi presque entièrement la cavité du poil et l'incrustation calcaire commence à s'y manifester très nettement. Il en est de même pour ceux du 4e lot. dans lesquels cependant la quantité de carbonate de chaux déposée est beaucoup moins considérable.

Le 9 février, les cystolithes sont entièrement constitués, avec leur aspect définitif, dans les cotylédons des semis appartenant au 2e et au 3e lot. Un grand nombre ont subi une résorption à peu près complète et ne font plus saillie au-dessus de l'épiderme. Dans le 4e lot, le développement est un peu moins avancé ; cependant il y a une augmentation sensible dans la teneur en calcaire. Dans le 1er lot, les cystolithes sont demeurés au même point qu'au moment de la première observation, un certain nombre de poils montrent au sommet un commencement de dépôt cellulosique, mais qui s'est arrêté au début et ne contient aucune trace de matière minérale. Aucun de ces poils ne montre de tendances à la résorption. Les premières feuilles qui commencent à apparaître dans tous ces semis portent des cystolithes jeunes et montrent les mêmes phénomènes que les cotylédons.

Le 17 février, quatre semis dont les premières feuilles sont presque entièrement développées montrent des phénomènes analogues: ceux du 2e et du 3e lot sont pourvus de poils cystolithiques bien développés, à divers degrés de résorption, et abondamment incrustés de calcaire. Dans les feuilles du semis appartenant au 4e lot, les poils cystolithiques sont aussi bien développés et pourvus de carbonate de chaux, mais ces formations sont à un état un peu moins avancé que dans les lots précédents. Enfin, dans les feuilles comme dans les cotylédons du semis appartenant au 1er lot, les poils se sont développés mais ne contiennent aucun dépôt cellulosique, ou, si ce dernier existe, il est très faible et toujours dépourvu de toute incrustation calcaire.

Les trois expériences qui précèdent confirment donc de tous points les résultats obtenus précédemment et nous montrent que, à tous les points de vue, les semis d'*Urtica pilulifera* L. se conduisent de la même façon que ceux d'*U. Dodartii* L. et *U. urens* L., qui avaient déjà été examinés. Dans aucune de ces expériences, je n'ai pu voir les réserves calcaires contenues dans la graine sous forme de globoïdes contribuer à la formation de dépôts de carbonate de chaux, bien que, dans presque tous les cas, ces réserves disparussent plus complètement lorsque les graines étaient semées sur un sol siliceux. Toujours les feuilles et les cotylédons des semis placés sur un pareil sol ont montré des formations cystolithiques arrêtées dans leur développement et dépourvues de toute incrustation calcaire et de la masse cellulosique destinée à soutenir cette incrustation: les plantes développées sur du carbonate de chaux pur m'ont toujours montré des formations cystolithiques plus nombreuses et plus riches en calcaire.

Outre ces résultats, qui ne font que confirmer ceux déjà obtenus, j'ai pu constater que la chaux nécessaire à la constitution des cystolithes peut être absorbée par la plante sous une autre forme que celle de carbonate. Un sol formé exclusivement de sulfate de chaux peut en effet nourrir des plantes pourvues de ces formations et leur fournir les éléments nécessaires à leur développement. La marche du phénomène paraît dans ce cas être un peu plus lente que lorsque les semis sont placés sur de la terre ordinaire. L'emploi des réactifs permet facilement de constater que la matière qui incruste les formations cystolithiques est bien toujours du carbonate de chaux.

7ᵉ *Expérience*. — Le 22 janvier, 16 graines de *Justicia hysso-pifolia* L. sont semées :

    4 sur de la silice pure (1ᵉʳ lot);
    4 sur de la terre ordinaire (2ᵉ lot);
    4 sur du carbonate de chaux (3ᵉ lot);
    4 sur du sulfate de chaux (4ᵉ lot).

Ces graines sont dépourvues d'albumen. Les réserves nutri-tives, sont accumulées dans les deux gros cotylédons charnus, étroitement appliqués l'un contre l'autre. Une coupe de ces coty-lédons les montre formés de cellules polyédriques, appliquées les unes contre les autres sans méats intercellulaires et disposées suivant dix ou douze rangées. L'épiderme sur les deux faces est constitué par de petites cellules, à peu près aussi hautes que lar-ges, qui forment un revêtement continu, non interrompu par des orifices stomatiques. Au-dessous de l'épiderme supérieur, les premières rangées de cellules parenchymateuses affectent la forme du parenchyme en palissade. Les autres, qui représentent le parenchyme lacuneux, sont à peu près également dévelop-pées dans tous les sens. Le contenu de tous ces éléments est exclusivement formé de grains d'aleurone, dont les dimensions subissent des variations considérables. Dans les cellules épider-miques des cotylé lons et dans le cylindre central de l'embryon, où ces éléments atteignent leurs plus faibles dimensions, leur diamètre descend à 0ᵐᵐ,0015 et 0ᵐᵐ,001, tandis que ce dia-mètre, pour les graines de parenchyme cotylédonaire, peut atteindre 0ᵐᵐ,006. En partie solubles dans l'eau, ces corps aleu-riques se dissolvent complètement dans la potasse. Comme tous les autres grains d'aleurone, ils sont colorés en jaune roux par les réactifs iodés, et en rouge brique par le réactif de Millon. Les réactifs ordinairement employés pour l'examen des corps aleuriques (glycérine, bichlorure de mercure) permettent de distinguer à leur intérieur un globoïde et un cristalloïde. Cette structure peut être très facilement mise en évidence par l'action de l'eau sucrée iodée, qui isole, au sommet du grain, le glo-boïde, sous forme d'un globule incolore et colore en jaune roux le reste de la masse, qui prend en même temps une forme régulièrement polyédrique.

Dans l'intervalle qui sépare ces grains, on peut constater la présence de la matière graisseuse, grisâtre, colorable en blanc bleuâtre par le chloro-iodure de zinc, et soluble dans l'éther qui existe dans toutes les cellules contenant de l'aleurone.

Le 30, les graines ont émis leur radicule, et une d'elles est prélevée, dans chaque lot, pour être soumise à l'examen. Dans les semis des 2e 3e et 4e lots, les grains d'aleurone sont plus ou moins déformés ici comme dans les Urticées précédemment examinées, le cristalloïde et le globoïde se sont séparés, et dans un certain nombre de cas ce dernier a disparu ; la matière graisseuse est aussi beaucoup plus abondante. Des grains d'amidon commencent à apparaître dans les cellules de l'épiderme supérieur ; des faits du même genre se manifestent dans le semis du premier lot ; mais ici, comme dans les expériences précédentes, les globoïdes sont beaucoup moins nombreux, et la plupart de ces corps paraissent avoir été résorbés.

Le 8 février, quatre graines dont les cotylédons commencent à se dégager des enveloppes séminales, sont encore examinées. Dans le parenchyme cotylédonaire de tous ces semis, se montrent des formations cystolithiques encore aux premiers états de leur développement, et semblables à celles que représentent les fig. 4 et 6 (Pl. I) et 4 (Pl. II). Ces formations, qui sont partout à peu près au même degré de développement, sont un peu moins nombreuses dans le semis du 4e lot que dans ceux du 2e et du 3e. Leur nombre est encore moins considérable dans le semis du 1er lot.

Le 14, examen de quatre graines dont les cotylédons sont entièrement dégagés des enveloppes : une différence considérable se manifeste dans l'aspect des coupes faites dans ces quatre semis : celui du 1er lot est demeuré dans le même état que précédemment ; les formations cystolithiques n'y sont représentées que par les rudiments qui existaient déjà au moment de la première observation. Dans les trois autres semis, au contraire, les cystolithes se sont développés, et, sans avoir atteint leurs dimensions définitives, sont déjà très abondamment pourvus de matière calcaire ; ils sont un peu moins nombreux dans le semis du 4ᵉ lot, mais leur richesse en carbonate de chaux paraît être la même.

Les derniers semis, examinés le 19, donnent les mêmes résultats. Rien de nouveau ne s'est produit dans le parenchyme cotylédonaire du semis dévèloppé sur la silice. Dans les trois autres lots, les cystolithes ont atteint une taille un plus considérable.

8ᵐᵉ *Expérience*. — Le 22 janvier, 16 graines de *Thumbergia alata* Bot. Mag. sont semées :

4 sur de la silice pure (lot n° 1) ;
4 sur de la terre ordinaire (lot n° 2) ;
4 sur du carbonate de chaux (lot n° 3);
4 sur du sulfate de chaux (lot n° 4).

Comme celles de *Justicia hyssopifolia* L. les graines de *Thumbergia alata* B. M. sont exalbuminées, et les réserves nutritives y sont accumulées dans les cotylédons, dont la constitution est entièrement semblable. Ces réserves sont encore exclusivement formées par des grains d'aleurone, contenant chacun un cristalloïde et un globoïde.

Le 31, toutes les graines ont émis leur radicule ; une d'entre elles ayant été examinée dans chaque lot, cet examen montre que la dissolution des réserves aleuriques a suivi la même marche que dans l'expérience précédente. Ici encore, les grains d'aleurone sont presque tous pourvus de leur globoïde, dans les semis des 2ᵉ, 3ᵉ et 4ᵉ lots, tandis qu'un grand nombre de ces corps ont disparu dans le semis du 1ᵉʳ lot.

Le 9 février, les cotylédons commencent à se dégager des enveloppes séminales : ici, comme dans le cas précédent, les semis des quatre lots sont pourvus, dans leur parenchyme cotylédonaire, de formations cystolithiques aux premiers états de développement, formations qui ne diffèrent, dans les quatre graines examinées, que par leur nombre : très nombreuses en effet dans les semis du 2ᵉ et du 3ᵉ lot, elles le sont beaucoup moins dans celui du 4ᵉ, et encore moins dans celui du 1ᵉʳ lot.

Le 16, quatre semis dont les cotylédons se sont dégagés des enveloppes, sont encore examinés. Dans le 1er lot, il n'y a eu aucun changement appréciable. Dans les trois autres, les rudiments cystolithiques sont remplacés par des cystolithes encore jeunes et de faibles dimensions, mais déjà abondamment pourvus de carbonate de chaux.

Le même résultat est constaté, le 19, sur les quatre derniers semis : tandis que celui du 1er lot ne montre aucun changement, les cystolithes, dans les trois autres, ont acquis des dimensions un peu plus considérables.

Ces deux expériences permettent de conclure que les conditions de développement des cystolithes, sur des sols différents, sont absolument les mêmes pour les Acanthacées que pour les Urticinées. Les réserves calcaires de la graine sont de même nature et se présentent sous forme de globoïdes ; ces réserves, quoique disparaissant plus complètement lorsque la graine est semée sur un sol exclusivement siliceux, ne servent pourtant dans aucun cas à la formation des dépôts de carbonate de chaux. Enfin, lorsque le sol est dépourvu de chaux, les cystolithes se forment toujours, mais moins nombreux, et s'arrêtent dès le début de leur évolution, pour demeurer toujours à l'état rudimentaire.

Aux expériences précédentes, qui pouvaient suffire pour fixer les différents points que je m'étais proposé de déterminer, il convient d'en ajouter trois autres, destinées à vérifier l'influence que pourrait exercer l'obscurité sur le développement des cystolithes. Ces expériences, faites sur des graines d'*Urtica Dodartii* L., *Urtica pentandra* H. Leop., et *Justicia hyssopifolia* L., m'ont en outre permis de vérifier, une fois de plus, les résultats précédents. En voici le détail, dans lequel j'abrégerai cependant tout ce qui ne fait que répéter des faits déjà connus :

9° *Expérience.* — Le 17 mars, 40 graines d'*Urtica Dodartii* L. sont semées :

10 sur de la silice (lot n° 1);

10 sur de la terre ordinaire (lot n° 2) ;

10 sur du carbonate de chaux (lot n° 3) ;

10 sur de la terre ordinaire, mais à l'obscurité (lot n° 4)

Ce dernier lot, semé dans les mêmes conditions que les autres, avait été placé dans une armoire complètement obscure, qui ne s'ouvrait que pour l'arrosage. Le 21, toutes les graines ayant émis leur radicule, 4 furent examinées. L'état des réserves aleuriques, dans l'endosperme et dans les cotylédons des graines des 3 premiers lots, était exactement le même que dans les expériences précédentes. La graine placée à l'obscurité s'était conduite, à cet égard, absolument comme celle semée sur de la silice pure : les grains d'aleurone y étaient, en grand nombre, dépourvus de leur globoïde, tandis que ce dernier persistait dans tous les grains sur les semis du 2ᵉ et du 3ᵉ lot.

Les observations faites le 25, le 30 mars et le 3 avril, me permirent de suivre, dans les cotylédons, le développement des cystolithes. Ces derniers se formèrent complètement dans les semis du 2ᵉ et du 3ᵉ lot, où ils acquirent leur consitution définitive. Dans les semis du 1ᵉʳ et du 4ᵉ lot, au contraire, ils s'arrêtèrent dès les premiers états de leur évolution, et demeurèrent, pendant toute la durée des observations, sous forme d'un simple appendice de la paroi cellulaire, sans épaississement cellulosique ni dépôt calcaire.

Le 3 et le 5 avril, je pus constater que les mêmes phénomènes se produisaient dans les premières feuilles, qui commençaient à se développer.

Il semble donc résulter de cette expérience que les cystolithes ne peuvent pas se développer, ou du moins ne dépassent pas les premiers états de leur développement en dehors de l'action de la lumière. Ce résultat fut d'ailleurs pleinement confirmé par les expériences suivantes.

10ᵉ *Expérience*. — 40 graines d'*U. pentandra* H. Leop. sont semées le 25 mars :

10 sur de la silice pure (lot n° 1);

10 sur de la terre ordinaire (lot n° 2);

10 sur du carbonate de chaux (lot n° 3);

10 sur de la terre ordinaire, à l'obscurité (lot n° 4).

Le 29 mars, toutes les graines ont émis leur radicule; 4 sont examinées, et donnent, quant à l'état des réserves aleuriques, les mêmes résultats que les précédentes. Il n'y a aucune différence, à cet égard, entre la graine du 4e lot et celle du 1er : les grains d'aleurone, dans les deux, sont presque tous dépourvus de leur globoïde, tandis que celui-ci persiste dans les corps aleuriques des autres graines.

Les observations faites le 2, le 8 et le 11 avril donnent les mêmes résultats que dans l'expérience précédente. Les cystolithes se sont complètement formés dans les cotylédons des semis du 2e et du 3e lot, tandis que dans ceux du 1er et du 4e, ces formations se sont arrêtées dans leur développement et n'ont jamais montré de couches cellulosiques ni de dépôt calcaire.

Les mêmes phénomènes furent observés sur les premières feuilles, le 11, le 14 et le 18 avril.

11e *Expérience*. — 20 graines de *Justicia hyssopifolia* L. sont semées le 25 mars :

5 sur de la silice (1er lot) ;

5 sur de la terre ordinaire (2e lot) ;

5 sur du carbonate de chaux (3e lot) ;

5 sur du carbonate de chaux, à l'obscurité (4e lot).

Le 6 avril, 4 graines ayant émis leur radicule sont examinées : celles du 2e et du 3e lot montrent des grains d'aleurone déformés, mais encore pourvus de leur globoïde; cette dernière formation a disparu dans presque tous les grains d'aleurone des semis du 1er et du 4e lot.

Le 12 avril, les cotylédons commencent à se dégager des enveloppes: les formations cystolithiques commencent à se montrer dans le parenchyme, très nombreuses dans les semis du 2e et du 3e lot, plus rares dans ceux du 1er et du 4e.

Les observations faites le 15 et le 18 avril ne montrent aucun changement appréciable dans les formations cystolithiques des semis du 1er et du 4e lot ; ces formations sont demeurées à l'état rudimentaire ; les cystolithes se sont au contraire entièrement développés dans les cotylédons des semis appartenant au 2e et au 3e lot.

Le même résultat est encore constaté, le 21 avril, sur les quatre derniers semis.

Outre les expériences dont le détail précède, un certain nombre d'autres avaient été installées, pour vérifier si, pour d'autres espèces d'Urticinées et d'Acanthacées, les résultats obtenus seraient toujours les mêmes. Malheureusement ces expériences ne réussirent pas, les graines, qui étaient peut-être de mauvaise qualité, ou placées dans des conditions défavorables, n'ayant pas levé pour la plupart. Le seul fruit que j'en aie retiré a donc été d'examiner dans ces diverses espèces la nature des réserves.

Les espèces ainsi examinées étaient : *Ulmus integrifolia* Roxb., *Ficus damosum* Walh., *Dipteracanthus repens* Neess., *Andrographis paniculata* Walh., *Dipteracanthus strictus* H. Graec.; chez toutes, la nature des réserves était la même : elles étaient constituées *exclusivement* par des grains d'aleurone de dimensions variables, mais qui tous étaient pourvus d'un cristalloïde et d'un globoïde.

Deux espèces d'Acanthus, *A. mollis* L. et *A. lusitanicus* L., examinées dans les mêmes conditions, m'ont montré une constitution différente. La graine est exalbuminée et les réserves sont contenues en entier dans les deux gros cotylédons charnus. Le tissu de ces derniers est formé par des cellules polyédriques, unies de façon à ne laisser entre elles que de très faibles méats. La disposition de ces cellules parenchymateuses est la même dans toute l'épaisseur de l'organe, et il n'y a pas de zone en palissade. L'épiderme est formé par de petites cellules cubiques, sans orifices stomatiques.

Ces cellules cotylédonaires sont remplies de gros grains d'amidon simples, qui sont au nombre de huit ou dix dans chaque cellule. L'intervalle qui les sépare est occupé par une matière protoplasmatique et par un grand nombre de très petits grains d'aleurone.

Les cellules épidermiques et les éléments plus minces et plus allongés du cylindre central de l'embryon ne contiennent cependant pas d'amidon et sont occupées seulement par des grains d'aleurone et du protoplasma. Tous ces corps aleuriques conservent des dimensions très réduites et sont absolument homogènes, sans enclaves visibles.

La nature spéciale de ces réserves paraît en rapport avec ce fait que les espèces du genre Acanthus sont toujours dépourvues de formations cystolithiques. Les graines d'*Hexacentris coccinea* Neess., qui présente le même caractère, ont une constitution identique. Il est regrettable que je n'aie pu vérifier la nature des réserves dans les autres Acanthacées dépourvues de cystolithes [1].

§ II. *Résumé.*

Des expériences qui précèdent se dégagent les conclusions suivantes :

---

[1] Schacht (*Abhandlungen der Senkenb. Gelesch.*, 1, pag. 149) a avancé que, chez les Acanthacées, l'absence des cystolithes pourrait coïncider avec la présence, dans les tissus, de grains d'amidon accumulés en grande quantité, et il cite, à l'appui de cette hypothèse, une espèce de Justicia, *J. purpurascens* Ham., qui contient de nombreux grains amylacés, et chez laquelle il n'a pas trouvé de cystolithes. Cette assertion a été réfutée par K. Richter (*Beitrage zur genaueren Kenntniss*, etc., pag. 25), qui fait remarquer que si, en réalité, l'amidon est généralement très peu abondant dans les tissus des Acanthacées, et surtout au voisinage des cystolithes, il y a pourtant des exceptions à cette règle, l'amidon se rencontrant, par exemple, en quantité notable dans les tissus de *Goldfussia glomerata* Nees., qui contient cependant de nombreux cystolithes. Il y aurait, on le voit, peut-être lieu de modifier l'hypothèse de Schacht quant aux relations de la matière amylacée avec les cystolithes, et de dire que l'amidon n'existe dans les réserves nutritives de la graine que lorsque la plante est dépourvue de cystolithes. En tout cas, il est très important de noter ce fait que, chez les graines de cette nature, les grains d'aleurone qui accompagnent l'amidon sont dépourvus d'enclaves, et par conséquent de réserves calcaires. Bien que ces réserves, nous l'avons vu, ne jouent aucun rôle dans le développement des cystolithes, il se peut cependant qu'il y ait un rapport entre leur absence dans la graine et l'absence, dans la plante, des formations cystolithiques.

Les végétaux dont les tissus contiennent des cystolithes, qu'ils appartiennent au groupe des Urticinées ou à celui des Acanthacées, ont des graines dont les réserves sont exclusivement aleuriques, et formées de grains d'aleurone dans lesquels il est toujours possible de distinguer un globoïde arrondi et un cristalloïde. Les globoïdes, constitués par un phosphate de chaux copulé, forment une réserve calcaire assez abondante.

Cette réserve ne contribue en aucune façon à la formation des dépôts de carbonate de chaux, qui, sous forme de cystolithes ou à tout autre état, peuvent s'effectuer dans les tissus de la plante ; en effet, lorsqu'une graine est mise à germer sur un sol formé de silice pure, les cystolithes ne dépassent pas les premiers états de leur développement et ne contiennent jamais de dépôt calcaire, bien que les réserves de la graine aient été absorbées. Il semblerait cependant que, dans ces conditions, les globoïdes disparaissent plus complètement et plus rapidement des tissus que lorsque la graine est placée sur un sol ordinaire ou sur du carbonate de chaux. L'absence de chaux dans le sol déterminant une absorption plus rapide des réserves calcaires, sans que, pour cela, les cystolithes se constituent, il faut en conclure que la chaux a, dans le corps de la plante, une autre utilisation.

Il faut ajouter que les réserves calcaires ne servent pas davantage à la formation des cristaux d'oxalate de chaux, qui, sous forme de mâcles, sont si nombreux dans les tissus des Urticées. En effet, ces mâcles ne se constituent que plus tard, et en aucun cas je ne les ai vues apparaître avant la fin des expériences. La chaux provenant de ces réserves, et sans aucun doute une partie de celle puisée plus tard dans le sol, doivent donc jouer dans l'économie de la plante un rôle encore à déterminer, mais qui n'a aucun rapport avec ces deux sortes de formations.

Dans les semis qui se sont développés sur de la terre ordinaire, les cystolithes ont généralement commencé à apparaître au moment où les cotylédons se dégageaient des enveloppes séminales, ou tout au moins au moment où ces organes étaient déjà pourvus de chlorophylle. Dans deux cas, en effet, ces formations

ont apparu, tandis que les enveloppes séminales étaient encore
closes. Dans le premier (*Urtica Dodartii* L.), es rudiments des cystolithes s'étaient seuls formés à ce moment, et, bien que les cotylédons fussent déjà verts, l'épaississement cellulosique et le dépôt de carbonate de chaux n'ont apparu que lorsque ces organes
se sont dégagés et ont été exposés à la lumière. Dans le second
cas (*Urtica pilulifera* L.), les cystolithes étaient complètement
formés, ou du moins présentaient déjà une assez forte incrustation calcaire, alors que les cotylédons étaient encore recouverts.
Mais il faut remarquer que, dans cette plante, les enveloppes séminales ne tombent que beaucoup plus tard que chez les autres,
et que le développement, dans les cotylédons, de nombreux
grains de chlorophylle semble indiquer que ces organes, quoique complètement recouverts, reçoivent cependant une certaine
quantité de lumière ; mes trois dernières expériences semblent
d'ailleurs démontrer que cet agent est indispensable au développement des formations cystolithiques. Ces formations, après
leur première apparition, se sont assez rapidement développées :
quatre ou cinq jours leur ont suffi, chez les Urticinées, pour ar-
river à leur état définitif ; chez les Acanthacées, ils sont, au bout
de ce délai, bien constitués et richement incrustés de calcaire,
mais ils continuent encore à se développer et n'atteignent que
plus tard leurs dimensions définitives. Le développement est absolument le même dans les premières feuilles que dans les cotylédons.

Lorsque les semis se sont développés sur du carbonate de chaux
pur, les phénomènes ont été essentiellement les mêmes que dans
le cas précédent. J'ai cependant toujours constaté que, dans ces
conditions, le nombre des cystolithes était plus considérable et
leur incrustation calcaire plus riche.

Sur un sol formé de sulfate de chaux, les cystolithes se constituent de la même façon, mais ils ne commencent souvent à apparaître qu'un peu plus tard et ils se développent un peu plus lentement que ceux des autres semis. A part ces légères différences
leur évolution est exactement la même, et ils arrivent au même

état. Leur nombre paraît cependant être un peu moins considérable.

Sur la silice, au contraire, les formations cystholitiques ne dépassent pas leurs premiers états de développement. Elles apparaissent en même temps, ou quelquefois un peu plus tard que dans les autres cas, et sont toujours beaucoup moins nombreuses. Dans les diverses espèces d'Urtica examinées, elles apparaissent d'abord sous forme d'un assez fort épaississement cellulosique de la paroi externe de la cellule épidermique. Aux dépens de cet épaississement se développe ensuite un prolongement cylindrique, qui s'avance à l'intérieur de la cavité cellulaire et se renfle un peu à son extrémité. Mais leur évolution s'arrête là, et jamais on ne voit se former, autour de l'extrémité de ce prolongement, de dépôt cellulosique destiné à supporter l'incrustation calcaire. Chez *Cannabis sativa* L., les poils cystolithiques se constituent également par un épaississement de la paroi externe d'une cellule épidermique, qui s'accroît ensuite vers l'extérieur pour former un poil conique peu élevé. Quelquefois, à la pointe de ce poil, il commence à se former un dépôt de cellulose, qui s'arrête dès le début ; mais, le plus souvent, la cavité du poil demeure entièrement libre, et l'on n'y peut voir ni dépôt cellulosique ni, à plus forte raison, incrustation calcaire. Chez les Acanthacées, enfin, la formation cystholithique s'arrête encore à son début : le petit appendice qui s'est développé à l'intérieur d'une cellule parenchymateuse aux dépens de sa paroi ne se recouvre jamais, à son extrémité, de couches concentriques de cellulose, et ne se transforme jamais en cystolithe véritable.

Enfin, lorsqu'un semis se développe sur de la terre ordinaire, mais à l'obscurité, les cystolithes ne se développent pas dans ses tissus, mais demeurent à l'état rudimentaire, absolument comme ceux des semis placés sur de la silice pure. Nous verrons d'ailleurs, dans le chapitre suivant, que la lumière, non seulement joue un rôle important dans la formation des cystolithes, mais encore exerce une influence considérable sur la manière d'être de ceux qui sont déjà parvenus à leur entier développement.

CHAPITRE II.

RÉSORPTION DES CYSTOLITHES.

§ I. *Détail des Expériences.*

Les expériences qui font l'objet de ce chapitre ont pour point de départ un certain nombre de faits de pure observation, qu'il convient de mentionner tout d'abord.

Un pied de *Ficus elastica* Roxb., qui avait servi à des observations, avait été laissé dans le laboratoire, où, grâce aux mauvaises conditions d'éclairage et d'aération dans lesquelles il se trouvait placé, il n'avait pas tardé à dépérir visiblement. Au bout de quelque temps, il ne portait plus que trois ou quatre feuilles qui s'étaient arrêtées dans leur développement, et ne mesuraient pas plus de 8 à 9 centim., tandis que le même pied, lorsqu'il était en bon état, portait des feuilles de 25 à 30 centim. de long. Ayant voulu utiliser cependant ces feuilles, je fus très étonné de ne pas y trouver, à première vue, les cystolithes, qui cependant sont si nettement visibles sur une coupe de feuille ordinaire. En examinant de plus près, je reconnus que les cellules cystolithiques avaient subi une réduction relative considérable : leur niveau inférieur ne dépassait guère la ligne formée par les cellules en palissade, et leur largeur était réduite en proportion. A l'intérieur de ces cellules, les cystolithes n'étaient plus représentés que par une petite tige correspondant au pédicule, et qui se terminait brusquement à son extrémité, ou se montrait entourée en ce point d'une faible masse cellulosique, à contours irréguliers, beaucoup plus réduite que la masse cellulosique des cystolithes ordinaires. L'emploi des réactifs ne dénotait, dans ces formations, aucune trace de carbonate de chaux ; ce corps était d'ailleurs absent de tout le limbe de la feuille.

Ce fait ayant attiré mon attention de ce côté, il me fut facile de constater que les divers pieds de *Ficus elastica* Roxb. que je plaçais dans le laboratoire présentaient, au bout de quelque temps, des phénomènes analogues. La quantité de chaux contenue dans les cystolithes commençait d'abord à diminuer de plus en plus; puis le cystolithe, réduit à sa masse cellulosique, subissait lui-même une résorption plus ou moins complète. Ces faits, très accentués sur les plantes malades, se produisaient également, quoique avec moins d'intensité, dans les feuilles étiolées. Même sur un pied vigoureux et bien portant, lorsqu'une feuille avait perdu la coloration verte, les cystolithes qu'elle contenait ne tardaient pas à perdre une grande partie de leur carbonate de chaux, sinon tout, et les feuilles qui tombaient ne contenaient plus dans leurs cystolithes que de très faibles quantités de ce sel.

Deux feuilles étiolées de diverses autres Urticées me montrèrent des faits analogues ; comparées aux feuilles vertes, elles contenaient toujours dans leurs cystolithes une bien moindre quantité de carbonate de chaux. Ces observations ont été faites principalement sur des feuilles étiolées de *Ficus macrophylla* Desf., *F. carica* L., *Ulmus campestris* L., *Broussonetia papyrifera* Vent., *Morus alba* L., *M. nigra* L., *Cannabis sativa* L., *Urtica dioica* L., *U. urens* L., *Parietaria diffusa* Mert. Koch., *Bœhmeria nivea* L., *Bœhmeria utilis* Spr., etc.

Je pus constater, en outre, que les poils calcaires des Borraginées étaient dans les mêmes conditions. L'examen de feuilles étiolées de *Cerinthe aspera* R., *Myosotis sylvatica* Ehr., *Symphytum Tauricum* Wild., *S. asperrimum* Brst., m'a montré, en effet, des poils dans lesquels le carbonate de chaux avait entièrement disparu ou tout au moins n'existait plus que dans de très faibles proportions.

J'ai déjà signalé, à propos de quelques Borraginées, ce fait que les formations calcaires du calice, qui sont en général plus simples que celles des feuilles, subissent des variations considérables, quant à la proportion de calcaire qu'elles contiennent, pendant le développement de la fleur. Dans le bouton, ces formations sont pourvues d'une quantité assez considérable de carbonate de chaux ; mais, à mesure que la fleur se développe, leur richesse diminue de plus en plus, et généralement, lorsqu'elle est complètement épanouie, les formations du calice ne contiennent plus aucune trace de calcaire.

Pour toutes les plantes qui viennent d'être signalées, et, d'une manière générale, pour les Urticinées et les Borraginées, les cystolithes et les formations cystolithiques présentent également des modifications considérables lorsqu'on les examine sur des feuilles conservées en herbier : la matière calcaire a totalement ou presque totalement disparu, et souvent même son support cellulosique a subi une déformation assez accentuée.

Tous ces faits, qu'il est très facile de vérifier, ne se présentent au contraire pas pour les Acanthacées. Tous les échantillons conservés en herbier que j'ai examinés m'ont montré des cystolithes intacts, et dans lesquels le carbonate de chaux s'était conservé aussi abondant que pendant la vie de la plante. Les divers pieds d'Acanthacées conservés dans le laboratoire subissaient la même influence nuisible que les pieds d'Urticinées. Un grand nombre d'échantillons de *Goldfussia anisophylla* Neess. ont été notamment observés dans ces conditions : au bout de deux ou trois jours seulement, les feuilles jaunissaient visiblement, puis tombaient très facilement, de sorte qu'en très peu de temps le pied était entièrement dépourvu de feuilles ; cependant les cystolithes ne présentaient aucune modification, tant dans les feuilles jaunes encore fixées sur le pied que dans celles qui étaient tombées, et qui avaient pris une teinte noirâtre annonçant un commencement de décomposition.

De toutes ces observations, il semblait résulter que, au moins chez les Urticinées, le carbonate de chaux contenu dans les cystolithes n'était pas une substance absolument inerte, comme on aurait pu s'y attendre en admettant, avec tous les auteurs, qu'il n'est autre chose qu'un produit d'excrétion. Il montre au contraire une certaine sensibilité aux agents extérieurs, et les changements qui se produisent dans sa quantité semblent indiquer un rôle plus ou moins important joué dans l'économie de la plante.

Pour pouvoir acquérir quelques notions sur la nature et l'importance de ce rôle, il fallait pouvoir étudier de plus près la disparition du carbonate de chaux des cystolithes et les phénomènes qui pouvaient se produire en même temps. Il fallait donc pouvoir déterminer expérimentalement cette disparition.

Le phénomène que je voulais étudier se présentant surtout dans les feuilles étiolées, la première pensée qui dût venir à l'esprit était de déterminer artificiellement l'étiolement des feuilles, et de voir alors, dans un pied où toutes les feuilles auraient subi l'action de l'obscurité, quelles étaient les modifications produites. Les expériences que je fis en partant de cette idée portèrent presque exclusivement sur *Ficus elastica* Roxb., espèce qu'il m'était très facile de me procurer, et dont la vigueur permettait de prolonger un peu les expériences sans amener la mort de la plante.

Je tentai aussi quelques essais sur les Acanthacées, en prenant pour sujet d'expérience des pieds de *Goldfussia anisophylla* Neess.; mais, comme il fallait m'y attendre, je n'obtins de ce côté que des résultats négatifs.

Il sera bon de donner, en commençant ce chapitre, le détail de ces derniers essais.

Première Expérience.—Le 10 décembre, sur un pied vigoureux de *Goldfussia anisophylla* Neess., un rameau est entouré d'une double feuille de papier noir, de façon à empêcher totalement l'accès de la lumière. La plante est laissée dans cet état jusqu'au 24 décembre. A ce moment, un grand nombre de feuilles de ce rameau sont tombées; d'autres, assez nombreuses, sont devenues complètement jaunes et se détachent très facilement de la tige; quelques-unes enfin, au sommet du rameau, ont gardé leur coloration verte et paraissent à peu près dans leur état normal. Dans toutes ces feuilles, les cystolithes ne paraissent avoir subi aucune modification; ils ne diffèrent en rien de ceux pris sur les feuilles vertes ou jaunes des autres rameaux (un grand nombre de feuilles ont jauni en effet sur les rameaux laissés à la lumière, malgré toutes les précautions prises). La quantité de carbonate de chaux y est la même, et l'examen à la lumière polarisée donne absolument les mêmes résultats pour toutes les formations examinées.

Le 24 décembre, la plante est placée dans une armoire complètement obscure, et laissée ainsi jusqu'au 8 janvier. Les feuilles sont alors presque toutes tombées; celles, en très petit nombre, qui restent sur la plante, sont complètement jaunes et se détachent de la tige au moindre attouchement. Les cystolithes, tant chez les unes que chez les autres, n'ont subi aucune modification.

Le 13 janvier, la plante est morte. Les quelques feuilles qu'elle porte encore sont entièrement racornies et ont pris une coloration brun noirâtre. Leurs cystolithes sont intacts. Des coupes faites dans les diverses parties de la tige montrent également des cystolithes intacts et aussi nombreux que dans une tige placée dans des conditions normales.

Cette expérience a été renouvelée à plusieurs reprises, en plaçant, dès le début, le pied en expérience dans une armoire obscure, et en laissant à côté, en pleine lumière, un autre pied destiné à servir de témoin. Pendant toute la durée des observations, et jusqu'à la mort du pied placé à l'obscurité, il n'a jamais été possible de constater une variation dans l'état des cystolithes et leur teneur en chaux.

Les mêmes résultats ont été obtenus à deux reprises avec des pieds de *Ruellia varians* Vent.

Je ne crois pas utile de transcrire ici le détail de ces expériences.

Il semble résulter de ce qui précède que, chez les Acanthacées, le carbonate de chaux demeure inerte et que son abondance dans les feuilles n'est aucunement modifiée par l'état de vie ou de mort de cet organe, contrairement à ce qui se passe chez les Urticinées.

Les Pilea, dont les cystolithes sont identiques à ceux des Acanthacées, se conservent en herbier sans aucune altération de ces corpuscules. Ayant eu à ma disposition un pied de *Pilea rupipendia* Wedd., je le soumis à l'action de l'obscurité, et je ne pus constater aucune diminution dans la quantité de carbonate de chaux. Sous ce rapport, comme au point de vue morphologique, il faudrait donc rapprocher les cystolithes des Pilea de ceux des Acanthacées.

2° *Expérience.* — Un pied A de *Ficus elastica* Roxb. est placé, le 24 décembre, dans une armoire complètement obscure. Toutes ses feuilles, bien développées, sont vertes et abondamment pourvues de cystolithes normaux. Un autre pied B, pris comme témoin, est placé dans le voisinage, mais en pleine lumière.

Les choses sont laissées en cet état jusqu'au 12 janvier : à cette époque, les quatre feuilles inférieures du pied A sont complètement jaunes. Deux ou trois, placées au-dessus, commencent à s'étioler ; les autres sont encore vertes. Une feuille, qui le 24 décembre était encore dans le bourgeon, protégée par sa stipule, s'est développée et a atteint une longueur d'environ 10 centim. Sa couleur est verte, mais beaucoup plus pâle que celle des feuilles normalement développées.

Les feuilles jaunes sont pourvues de cystolithes entièrement privés de carbonate de chaux. La base organique de ces corps n'a encore subi aucune déformation, et il est possible d'y voir, très nettement indiquées, toutes les saillies des cystolithes normaux [1]. Les acides déterminent dans cette masse un gonflement assez fort et la disparition de toutes ces saillies. Mais aucun dégagement gazeux ne vient dénoter la présence du carbonate de chaux. Il ne se produit d'ailleurs d'effervescence sur aucun autre point des coupes, et la substance calcaire paraît avoir disparu du limbe foliaire, où elle n'existe plus, ni à l'état de carbonate ni à l'état de bicarbonate.

Les feuilles encore vertes et celles qui commencent à s'étioler sont exactement dans le même état. Les cystolithes n'y ont subi aucune déformation, mais le carbonate de chaux a entièrement disparu, et de leur masse et de tout le limbe foliaire.

---

[1] Voir, à ce sujet, les détails donnés dans la première partie de ce travail, pag. 22.

La feuille qui s'est développée à l'obscurité montre de nombreux cystolithes, mais qui tous se sont arrêtés de très bonne heure dans leur évolution. Ils sont réduits à un pédicule cellulosique allongé, un peu renflé à son extrémité libre, mais totalement dépourvu de l'amas de couches cellulosiques concentriques qui devrait constituer le corps du cystolithe. En un mot, ces formations ressemblent exactement à celles que l'on trouve dans une feuille normale au moment où elle se dégage de la stipule engaînante. Cependant les feuilles normalement développées, lorsqu'elles sont parvenues aux dimensions de celle-ci, et même bien avant, dès qu'elles se sont entièrement dégagées du bourgeon, contiennent toujours des cystolithes bien formés et pourvus d'une notable quantité de carbonate de chaux.

Dans le pied témoin, B, deux feuilles de la base ont complètement jauni. Les cystolithes qu'elles renferment contiennent une quantité de carbonate de chaux bien inférieure à celle que contiennent les cystolithes d'une feuille normale. Cette quantité est cependant encore appréciable, tandis que les feuilles, même vertes, du pied A ne contiennent plus aucune trace de ce sel.

Les feuilles du pied B qui sont demeurées vertes n'ont subi aucune modification, et leurs cystolithes ont conservé leur aspect normal.

Il semble dès maintenant résulter de cette expérience que l'obscurité détermine, au bout d'un certain temps, une disparition complète du carbonate de chaux des cystolithes, mais que cependant cette disparition est liée moins à l'étiolement de la feuille qu'à la cessation de la fonction chlorophyllienne, puisqu'elle se produit même dans les feuilles qui, soumises à l'influence de l'obscurité, n'ont pas encore eu le temps de s'étioler et sont demeurées vertes. En outre, le carbonate de chaux ainsi enlevé aux cystolithes ne se retrouve plus à l'état de carbonate ou de bicarbonate en aucune partie du limbe foliaire.

La première idée qui vienne à l'esprit, en présence de ces faits, est que la cessation de la fonction chlorophyllienne, qui se produit sous l'influence de l'obscurité ou de l'étiolement de la feuille, détermine dans les tissus de la feuille une accumulation d'acide carbonique. Nous savons en effet que ce gaz est, de tous ceux qui entrent dans la composition de l'air atmosphérique, celui qui traverse le plus rapidement les membranes colloïdales, et que cette propriété lui permet, malgré la faible quantité qui en existe dans l'atmosphère, de s'accumuler dans le limbe foliaire, en passant à travers la cuticule, en assez fortes proportions pour permettre l'assimilation d'une quantité notable de carbone. Si donc la décomposition de cet acide carbonique est arrêtée par suite de la cessation de la fonction chlorophyllienne, le gaz arrivera, après un certain temps, à former un excès suffisant pour déterminer la transformation du carbonate de chaux en bicarbonate soluble dans l'eau.

Il faudrait cependant admettre, pour que cette explication pût être acceptée, que le bicarbonate de chaux ainsi formé fût immédiatement entraîné vers les parties axiles du végétal, puisqu'on n'en retrouve aucune trace dans le limbe foliaire. Cette supposition nécessitait donc de nouvelles observations, destinées à déterminer, non seulement les modifications produites dans les feuilles, mais encore celles survenues dans les parties axiles, sous l'influence de l'obscurité.

Il fallait, d'autre part, examiner si, dans le pied soumis à l'influence de l'obscurité, les formations cystolithiques des feuilles vertes pourraient reprendre leur aspect normal, une fois la plante remise à la lumière.

3° *Expérience*. — Le pied de *Ficus elastica* Roxb. qui avait servi à l'expérience précédente, et dans lequel les feuilles vertes étaient munies de cystolithes entièrement privés de carbonate de chaux, est replacé le 12 janvier en pleine lumière.

Des observations successives, prolongées jusqu'au milieu du mois de mars, ne montrent aucune modification dans l'état des cystolithes. La plante a, il faut le dire, beaucoup souffert, et se trouve dans de très mauvaises conditions de végétation.

Le 15 mars, elle ne porte plus que deux petites feuilles vertes, et une section, soit de ces feuilles, soit de la tige, ne détermine l'écoulement que d'une très faible quantité de latex. Cependant des coupes de feuilles, faites à cette époque, montrent les cystolithes pourvus d'une très faible quantité de carbonate de chaux qui n'y existait pas auparavant.

Malheureusement, l'état dans lequel se trouvait la plante ne me permit pas de continuer plus longtemps les observations, et de vérifier si, avec le temps, les cystolithes auraient repris leur aspect normal.

4ᵉ *Expérience*. — Le 17 janvier, un pied vigoureux A de *Ficus elastica* Roxb. est placé dans l'obscurité complète. Un autre pied B, destiné à servir de témoin, est placé dans le voisinage, mais à la lumière.

Le 8 février, cinq feuilles, à la base du pied A ont complètement jauni, quelques autres commencent à s'étioler ; enfin les dernières (les plus rapprochées du sommet) sont demeurées vertes. Dans toutes ces feuilles, les cystolithes sont dépourvus de leur incrustation calcaire, dont il ne reste plus aucune trace ; la masse cellulosique est intacte et montre parfaitement nettes toutes les protubérances de sa surface. Dans le pied témoin, au contraire, les feuilles vertes sont pourvues de cystolithes entièrement normaux ; une feuille jaune a perdu une partie du carbonate de chaux de ses cystolithes, mais il en reste encore une quantité appréciable.

Le limbe foliaire ne décèle, en aucune de ses parties, de traces de carbonate ou de bicarbonate de chaux. Des coupes de la tige montrent également cet organe dépourvu de calcaire. Le latex provenant, soit du limbe foliaire, soit du pétiole, soit de la tige, ne contient pas non plus de bicarbonate de chaux en dissolution.

L'obscurité a donc eu pour résultat de faire disparaître tout le carbonate de chaux que pouvaient contenir les diverses parties du végétal. En admettant donc que le carbonate de chaux ait été transformé en bicarbonate, selon l'hypothèse énoncée plus haut, ce qui semble nécessaire pour expliquer son transport en d'autres points, il faut encore qu'il y ait eu ensuite décomposition de ce bicarbonate, et que la chaux contenue dans ce sel se soit engagée dans une autre combinaison.

Les mutilations que j'avais dû faire subir à ce pied pour en examiner les différentes parties ne me permirent pas de le soumettre ensuite à l'action de la lumière, pour voir s'il y aurait reconstitution des formations cystolithiques.

5e *Expérience*. — Un autre pied de *Ficus elastica* Roxb., placé à l'obscurité en même temps que le précédent, le 17 janvier, et examiné, comme lui, le 8 février, était à ce moment dans un état analogue : les cystolithes, dans les feuilles étiolées comme dans celles demeurées vertes, étaient entièrement dépourvus de carbonate de chaux. Ce pied fut alors replacé en pleine lumière et examiné à intervalles réguliers. Il était plus vigoureux que celui qui avait déjà servi à une expérience analogue, et put résister plus facilement aux mauvaises conditions dans lesquelles il était placé.

Jusqu'au 25 mars, aucune modification ne put être constatée dans l'état des cystolithes. A cette époque, quelques-uns de ces corpuscules commencèrent à montrer une légère quantité de carbonate de chaux. Du 25 mars au 8 avril, le nombre des cystolithes qui commençaient à se reconstituer devint beaucoup plus considérable, et quelques-uns d'entre eux avaient, à cette dernière date, repris leur aspect normal et contenaient une quantité de calcaire sensiblement égale à celle des cystolithes pris sur une feuille ordinaire. Le mauvais état de la plante me força à arrêter là les observations, qui d'ailleurs avaient fourni des résultats assez nets pour que l'on puisse affirmer que les cystolithes dépourvus de leur incrustation calcaire par l'action de l'obscurité peuvent reprendre leur constitution normale lorsqu'on les replace à la lumière.

6° *Expérience*. — Deux pieds d'*Urtica urens* L. sont placés, le 17 janvier, l'un à l'obscurité et l'autre en pleine lumière.

Le 3 février, la plus grande partie des feuilles sur le pied placé à l'obscurité étaient complètement étiolées. Dans toutes ces feuilles, les cystolithes, sans avoir subi de déformation apparente, étaient entièrement dépourvus de carbonate de chaux. Il en était de même pour les cystolithes des feuilles vertes. Dans le pied témoin, au contraire, toutes les feuilles étaient encore vertes et contenaient des cystolithes intacts.

En aucun point du limbe foliaire, sur le pied maintenu à l'obscurité, les réactifs ne décelaient la présence du carbonate ou du bicarbonate de chaux. Des coupes faites dans les branches ne permettaient pas non plus de constater la présence de la matière calcaire.

Le 3 février, le pied qui avait été maintenu à l'obscurité fut replacé en pleine lumière et observé à diverses reprises. Jusqu'au 18 mars, aucun indice de modification ne se montra dans l'état des cystolithes. A partir de cette époque, le carbonate de chaux commença à reparaître dans quelques-uns, mais en très faible quantité. Les observations suivantes démontrèrent une augmentation progressive de cette substance, et, le 30 mars, toutes ces formations avaient repris leur constitution primitive.

Des expériences qui précèdent, il résulte que le carbonate de chaux, qui disparaît des cystolithes sous l'action prolongée de l'obscurité, peut se reconstituer lorsque la plante est replacée ensuite dans des conditions normales, et, en outre, que ce carbonate de chaux, au moment de sa disparition, n'est pas, comme on aurait pu le croire, simplement entraîné vers d'autres parties du végétal ; il disparaît complètement de tous les organes, et subit, par conséquent, une décomposition qui permet à la chaux d'entrer en combinaison avec un autre acide ; on devait donc la retrouver, engagée dans une autre combinaison, dans les diverses parties de la plante.

Le premier sel de chaux sur lequel devait porter cet examen était l'oxalate de chaux, en raison même de son abondance considérable dans les tissus végétaux, et surtout dans ceux des Urticinées, où il se présente sous forme de mâcles groupées en très

grand nombre dans tous les tissus. Il fallait voir si ce sel ne su-
birait pas des variations de quantité sous l'influence de l'obscurité, et si ces variations ne correspondraient pas à celles constatées
pour le carbonate de chaux. L'analyse chimique étant impuis-
sante à donner de telles indications, puisque les procédés actuels
d'analyse permettent seulement de doser la quantité d'une base
contenue dans les tissus, sans déterminer la combinaison dans
laquelle elle était engagée, il fallait recourir à un autre procédé,
d'une exactitude très contestable, mais dont les indications pouvaient cependant être précieuses : compter le nombre de mâcles
d'oxalate de chaux que contiennent les coupes des organes à
examiner. Les résultats donnés par cet examen furent assez concluants. En voici le détail :

7ᵉ *Expérience.* — Un pied A de *Ficus elastica* Roxb. fut placé,
le 12 février, dans l'obscurité complète. Un autre pied B était
placé dans le voisinage, à la lumière, pour servir de témoin.

Le 3 mars, quelques feuilles du pied A ont complètement
jauni, d'autre commencent à s'étioler ; quelques-unes enfin, les
plus rapprochées du sommet, sont encore vertes. Les cystolithes,
dans toutes ces feuilles, sont entièrement dépourvus de carbonate
de chaux. Dans le pied B les corpuscules cystolithiques ont conservé leur constitution normale. Le limbe foliaire, dans le pied A,
ne laisse voir, sous l'action des acides, aucune trace de carbonate
ou de bicarbonate de chaux. Ces sels n'existent pas non plus
dans des coupes de la tige, ni dans le latex provenant des diverses
parties du végétal. A tous égards, les résultats de cet examen
concordent avec ceux des expériences précédentes.

Des coupes de feuilles et de tiges, faites sur le pied A et sur le
pied B, sont alors examinées au point de vue du nombre de
mâcles qu'elles peuvent contenir :

Une coupe transversale, pratiquée sur une feuille normale du
pied B, dont les cystolithes sont intacts, est examinée en premier
lieu. Cette coupe est longue de 9 millim. et large de $0^{mm},4$; elle
présente par conséquent une surface de $3^{mm},6$. Elle contient
838 mâcles d'oxalate de chaux. Ces cristaux sont répandus dans

le mésophylle et groupés surtout autour des nervures. La coupe examinée comprend quatre nervures coupées transversalement, et une, coupée tangentiellement, dont la surface de section mesure $0^{mm},125$. Les mâcles accumulées dans cette nervure et autour d'elle sont au nombre de 312.

Un autre coupe transversale, pratiquée sur une feuille encore verte du pied A, est examinée en second lieu. Cette coupe, de même longueur que la première (9 millim.) et large de $0^{mm},56$, a donc une surface de 5millim. Elle contient quatre nervures coupées transversalement et une tangentiellement, et présente autant que possible les mêmes conditions que la précédente.

Les mâcles ont presque complétement disparu du mésophylle, et on n'en trouve guère plus qu'autour des nervures. La coupe entière en contient 175. La nervure coupée tangentiellement, et dont la surface de section est de $0^{mm},2$, en contient 98.

En ramenant les chiffres précédents à des surfaces de coupes égales dans les deux cas, on trouve que pour 100 mâcles contenues dans toute l'épaisseur des tissus d'une feuille normale, une feuille soumise à l'obscurité en contient 15, et que pour 100 mâcles contenues dans une nervure de feuille normale, une feuille soumise à l'obscurité en contient 20.

Ces résultats peuvent être résumés dans le tableau suivant.

| | MESURES PRISES DIRECTEMENT. | | | | MESURES RAPPORTÉES A DES SURFACES DE COUPES ÉGALES. | |
| | FEUILLE NORMALE. | | FEUILLE SOUMISE A L'ACTION DE L'OBSCURITÉ. | | FEUILLE NORMALE. | FEUILLE SOUMISE A L'ACTION DE L'OBSCUR. |
	SURFACE DE COUPE.	NOMBRE DE MACLES.	SURFACE DE COUPE.	NOMBRE DE MACLES.		
Coupe de la feuille (parenchyme et nervures)......	$3^{mmq},6$	838	5^{mmq}	175	100	15
Coupe tangentielle d'une nervure......	0 — 125	312	0 — 2	98	100	20

Une coupe transversale de la tige, prise sur le pied B, dont les cystolithes sont demeurés intacts, est ensuite soumise au même examen. Cette coupe n'intéresse qu'un segment de la tige présentant une surface totale de 21 millim ; elle contient 2,293 mâcles. Les divers tissus intéressés par cette coupe occupent des surfaces représentées par les chiffres suivants : moelle 9 millim., bois $0^{mm},96$, liber $2^{mm},04$, écorce 9 millim[1]. Le bois est entièrement dépourvu de mâcles ; les autres tissus en sont au contraire gorgés : la moelle en contient 450, le liber 1,008, l'écorce 390, l'épiderme 444. Ces dernières, placées dans les cellules épidermiques ou contre la paroi interne de ces cellules, ont des dimensions beaucoup plus réduites que celles des autres tissus.

Une autre coupe, faite dans les mêmes conditions sur la tige du pied A, et intéressant un segment de 20 millim. de surface, donna les chiffres suivants : surface de la moelle $5^{mm},75$, du bois $1^{mm},15$, du liber $1^{mm},85$, de l'écorce et de l'épiderme réunis $11^{mm},25$.

Le nombre de mâcles contenues dans cette coupe était de 625, se répartissant ainsi : moelle 65, liber 290, écorce 50, épiderme 220. Ces dernières étaient, comme dans la coupe précédente, réduites à des dimensions de beaucoup plus faibles que celles des autres tissus.

En ramenant les chiffres précédents à des surfaces de coupes égales dans les deux cas, on trouve que pour 100 mâcles contenues dans une coupe de tige normale, une coupe de tige soumise à l'obscurité en contient 28.

---

[1] La faible surface occupée par les tissus les plus rapprochés du centre s'explique par ce fait que la coupe, n'intéressant qu'un segment de la tige, présentait une forme triangulaire, et que son sommet était placé dans la moelle. Le nombre de mâcles à compter était trop considérable pour qu'il me fût possible d'examiner une coupe totale de la tige. Le chiffre de 9^{mmq} attribué à l'écorce s'applique à l'ensemble de l'écorce et de l'épiderme. Ce dernier tissu, composé d'une seule assise cellulaire, avait une épaisseur trop faible pour qu'il fût possible d'en apprécier la surface. J'ai cependant compté séparément les mâcles épidermiques, à cause de leur taille beaucoup plus réduite que celle des groupes cristallins situés dans les autres tissus.

Ces résultats peuvent être résumés dans le tableau suivant.

	MESURES PRISES DIRECTEMENT.				MESURES RAPPORTÉES A DES SURFACES DE COUPES ÉGALES.	
	TIGE NORMALE.		TIGE DE PLANTE SOUMISE A L'OBSCURITÉ.		TIGE NORMALE.	TIGE DE PLANTE SOUMISE A L'OBSCUR.
	SURFACE DE COUPE.	NOMBRE DE MACLES.	SURFACE DE COUPE.	NOMBRE DE MACLES.		
Moelle.....	9mmq	450	5mmq 75	65	100	23
Bois.......	0 — 96	0	1 — 15	0	»	»
Liber.....	2 — 04	1008	1 — 85	250	100	16
Écorce.....	9 —	390		50	100	10
Épiderme...		444	11 — 25	220	100	50
Coupe totale.	21 —	2293	20 —	625	100	28 [1]

Donc, tandis que le carbonate de chaux disparaissait complètement de la feuille et de la tige, l'oxalate de chaux contenu dans ces deux organes diminuait, sous l'influence de l'obscurité, dans des proportions considérables (72 à 80 %).

8ᵉ *Expérience.* — Un pied A de *Ficus elastica* Roxb. est placé, le 6 mars, à l'obscurité. Un autre pied B est placé dans le voisinage, mais à la lumière, pour servir de témoin.

Le 25 mars, le pied A se trouve dans les mêmes conditions que ceux précédemment examinés; quelques-unes de ses feuilles sont complètement jaunes et quelques autres commencent à

---

[1] Ce chiffre 28 %, qui paraît relativement élevé lorsqu'on considère les autres chiffres qui mesurent la diminution dans les divers tissus séparés, provient de ce que, en considérant la surface totale de la coupe, il faut y faire entrer la surface du bois, qui ne contient pas de mâcles, et, en second lieu, de ce que les mâcles de l'épiderme, bien qu'ayant sensiblement diminué en nombre, n'ont cependant pas subi une réduction aussi complète que celle des autres tissus (50 % environ). Il faut ajouter que cette faible diminution a d'autant moins d'importance, au point de vue du résultat général, que les mâcles épidermiques ont un bien plus faible volume que les autres (la moitié environ).

s'étioler, tandis que celles du sommet sont demeurées vertes. Partout les cystolithes sont entièrement dépourvus de carbonate de chaux ; ces formations, dans le pied B, ont au contraire conservé leur aspect normal. Aucune trace de carbonate ou de bicarbonate de chaux n'est décelée par les réactifs, soit dans le limbe foliaire, soit dans des coupes de la tige, soit dans le latex.

Au point de vue du nombre de mâcles que contiennent les organes, une coupe de feuille et une coupe de tige faites sur le pied A sont examinées en premier lieu.

La coupe de feuille, longue de $8^{mm},5$, et large de $0^{mm},45$, présente donc une surface de $3^{mm},825$. C'est une coupe transversale intéressant une petite nervure coupée normalement, et une autre nervure un peu plus grosse coupée obliquement. Les mâcles, dans la coupe entière, sont au nombre de 247. Elles sont accumulées surtout autour des nervures, et l'on en compte 93 dans la nervure coupée obliquement, dont la surface de section est de $0^{mm},185$.

La coupe de tige est également une coupe transversale intéressant seulement un segment de la tige. Sa surface totale est de $25^{mm},52$; dans ce chiffre total, les différents tissus sont représentés dans les proportions suivantes : moelle $10^{mm},25$, bois $1^{mm},12$, liber $2^{mm},15$, écorce 12 millim. Elle contient 758 mâcles, qui se répartissent ainsi : 108 dans la moelle, 216 dans le liber, 64 dans l'écorce, et 270, mais de taille plus faible, dans l'épiderme.

Deux coupes, l'une de feuille, l'autre de tige, faites sur le pied témoin A, donnent les chiffres suivants :

La coupe transversale de feuille, longue de 8 millim., large de $0^{mm},5$, présente une surface totale de 4 millim. Elle est choisie de façon à se trouver dans les mêmes conditions que la précédente, c'est-à-dire à intéresser deux nervures coupées, l'une normalement, l'autre obliquement ; cette dernière a une surface de coupe de $0^{mmq},195$. La coupe entière contient 1,296 mâcles, dont 427 dans la nervure coupée obliquement.

La coupe transversale de tige intéresse un segment dont la surface totale, de 26^{mmq},78, se répartit ainsi entre les différents tissus: moelle 11^{mmq}, bois 1^{mmq},04, liber 2^{mmq},54, écorce 12^{mmq},20. La coupe entière contient 2,914 mâcles, qui se répartissent ainsi: 564 dans la moelle, 1,285 dans le liber, 538 dans l'écorce, et 527, plus petites, dans l'épiderme.

En ramenant les chiffres précédents à des surfaces de coupes égales dans les deux cas, on trouve que pour 100 mâcles contenues dans une feuille normale, une feuille soumise à l'obscurité en contient 20 ; — pour 100 mâcles contenues dans une nervure de feuille normale, une nervure de feuille soumise à l'obscurité en contient 23 ; — enfin, pour 100 mâcles contenues dans une tige normale, une tige soumise à l'obscurité en contient 27.

Ces résultats peuvent être résumés dans les tableaux suivants.

FEUILLES.

	MESURES PRISES DIRECTEMENT.				MESURES RAPPORTÉES A DES SURFACES DE COUPES ÉGALES.	
	FEUILLE NORMALE.		FEUILLE SOUMISE A L'ACTION DE L'OBSCURITÉ.			
	SURFACE DE COUPE.	NOMBRE DE MACLES.	SURFACE DE COUPE.	NOMBRE DE MACLES.	FEUILLE NORMALE.	FEUILLE SOUMISE A L'OBSCUR.
Coupe de la feuille (parenchyme et nervures)......	4 —^{mmq}	1296	3 — 825^{mmq}	247	100	20
Coupe oblique d'une nervure........	0 — 195	427	0 — 185	93	100	23

TIGES.

| | MESURES PRISES DIRECTEMENT. | | | | MESURES RAPPORTÉES A DES SURFACES DE COUPES ÉGALES. | |
| | TIGE NORMALE. | | TIGE SOUMISE A L'ACTION DE L'OBSCURITÉ. | | TIGE NORMALE. | TIGE SOUMISE A L'OBSCUR. |
	SURFACE DE COUPE.	NOMBRE DE MACLES.	SURFACE DE COUPE.	NOMBRE DE MACLES.		
	mmq		mmq			
Moelle......	11 —	564	10 — 25	108	100	20
Bois.......	1 — 04	0	1 — 12	0	»	»
Liber......	2 — 54	1285	2 — 15	216	100	19
Écorce..... {12 — 20{		538	{12 — {	64	100	12
Épiderme...		527		270	100	45
Coupe totale.	26 — 78	2914	25 — 52	758	100	27

Donc, tandis que le carbonate de chaux disparaissait complètement de la feuille et de la tige, l'oxalate de chaux contenu dans ces organes diminuait, sous l'influence de l'obscurité, dans de très fortes proportions (73 à 80 et même 88 %).

La chaux mise en liberté par la décomposition de ces deux sels devait cependant se retrouver dans ces organes; et il était facile de se convaincre qu'elle y existait en réalité, en traitant des coupes par l'acide sulfurique. On voyait en effet se former, sous l'action de ce réactif, des cristaux de sulfate de chaux, et ces cristaux étaient notablement plus abondants dans une coupe de tige sur la plante étiolée que dans une coupe faite sur la plante normale. La chaux, qui primitivement existait dans les feuilles à l'état de carbonate ou d'oxalate, est donc venue dans la tige, où elle s'est accumulée en combinaison avec un autre acide.

Il est à peu près certain que cet acide est l'acide pectique, car en traitant des coupes, suivant les indications de Frémy [1], par l'acide chlorhydrique, qui décompose le pectate de chaux en laissant l'acide pectique à l'état insoluble, on obtenait un résidu

---

[1] Ann. des Sc. Nat., Bot., 6e sér., vol. XIII, pag. 358.

de ce corps plus abondant dans les coupes de tige étiolée que dans celles de tige normale.

9ᵉ *Expérience*. — Deux pieds d'*Urtica urens* L. sont placés, le 6 mars, l'un à l'obscurité, l'autre en pleine lumière, pour servir de témoin.

Le 26 mars, la plus grande partie des feuilles sur le pied placé à l'obscurité étaient complètement étiolées. Les cystolithes, dans ces feuilles comme dans celles demeurées vertes, avaient entièrement perdu leur carbonate de chaux. Aucune trace de carbonate ou de bicarbonate de chaux n'est décelée par les réactifs, soit dans la tige, soit dans le limbe foliaire.

Des coupes de feuilles et de tiges, examinées au point de vue des mâcles qu'elles contiennent, dénotent une diminution considérable de ces cristaux, tant dans la feuille que dans la tige de la plante soumise à l'obscurité. Le tableau suivant résume les résultats de cet examen.

	MESURES PRISES DIRECTEMENT.				MESURES RAPPORTÉES À DES SURFACES DE COUPES ÉGALES.	
	PLANTE LAISSÉE À LA LUMIÈRE.		PLANTE PLACÉE À L'OBSCURITÉ.		PLANTE LAISSÉE A LA LUMIERE	PLANTE PLACÉE A L'OBSCUR.
	SURFACE DE COUPE.	NOMBRE DE MACLES.	SURFACE DE COUPE.	NOMBRE DE MACLES.		
Coupe de feuille......	1ᵐᵐq 5	472	1ᵐᵐq 25	73	100	18
TIGE : Moelle......	5 — 25 mmq	317	6 — 20 mmq	98	100	26
Bois.......	0 — 45	0	0 — 50	0	»	»
Liber......	1 — 05	678	1 — 12	146	100	20
Écorce.....	{ 6 — 45	312	{ 5 — 88	52	100	18
Épiderme...		285		108	100	38
Coupe totale de la tige..	13 — 20	1592	13 — 70	404	100	24

La diminution du nombre de mâcles subie par la plante

soumise à l'influence de l'obscurité est, on le voit, de 75 à 80 %
environ.

Comme pour *Ficus elastica* Roxb., on peut se convaincre que la
chaux disparue des feuilles, où elle existait à l'état d'oxalate ou
de carbonate, est venue s'accumuler dans la tige, sous l'influence
de l'obscurité, et y existe en combinaison avec un autre acide.
On voit en effet, sous l'influence de l'acide sulfurique, se former
des cristaux de sulfate de chaux beaucoup plus nombreux dans
les coupes de tige étiolée que dans les coupes de tige normale.

Ces mêmes coupes, traitées par l'acide chlorhydrique, donnent
un résidu d'acide pectique notablement plus abondant dans les
coupes de tige étiolée.

Tous les résultats de cette expérience concordent donc avec
ceux de la précédente et tendent à démontrer que, sous l'action
de l'obscurité, le carbonate et l'oxalate de chaux sont décomposés,
l'un complètement, l'autre en partie, et que la chaux mise en
liberté par ces décompositions vient s'accumuler dans la tige, au
moins en partie, à l'état de pectate de chaux.

§ II. *Résumé.*

Des expériences dont le détail précède, on peut dégager les
conclusions suivantes :

L'action prolongée de l'obscurité détermine, chez les Urticinées, une disparition *complète* du carbonate de chaux des cystolithes. Cette disparition s'effectue sans que la masse même du
cystolithe paraisse éprouver aucune autre modification. Elle conserve sa forme primitive, et toutes les inégalités de sa surface
subsistent sans altération. Ce phénomène a pu, comme on l'a vu
dans la première partie de ce travail, me servir pour déterminer
plus exactement la constitution de ce corps.

La disparition du carbonate de chaux a lieu, dans les plantes
soumises à l'action de l'obscurité, non seulement dans les feuilles
étiolées, mais encore dans celles qui n'ont pas eu le temps de
s'étioler et qui ont conservé leur couleur verte. On peut en

conclure que ce phénomène reconnaît pour cause, non pas la modification qui survient dans les feuilles au moment de l'étiolement, mais bien seulement la cessation de la fonction chlorophyllienne, qui détermine l'accumulation dans le limbe foliaire d'un excès d'acide carbonique [1].

Dans les feuilles mortes, prises sur une plante qui n'a pas cessé d'être soumise aux conditions normales, la disparition du carbonate de chaux n'est pas complète : les cystolithes en conservent toujours une certaine quantité, bien plus faible cependant que la quantité contenue dans des cystolithes normaux. Ce fait tient sans doute à ce qu'ici la cessation de la fonction chlorophyllienne ne se produit que dans la feuille jaune, tandis que cette fonction continue à s'accomplir dans les autres parties du végétal.

Le carbonate de chaux n'est pas le seul sel calcaire qui disparaisse dans ces conditions, et l'oxalate de chaux subit le même sort sous l'influence de l'obscurité prolongée. Si l'on se base, pour apprécier les variations de quantité de ce sel, sur le nombre de mâcles que contient une coupe de surface donnée (procédé fort peu exact sans doute, mais qu'il est difficile de remplacer par un autre plus précis, et qui m'a d'ailleurs toujours fourni des résultats concluants), on obtient, pour des plantes sou-

---

[1] On a vu que j'avais d'abord cru pouvoir attribuer uniquement à cette accumulation, dans le limbe foliaire, d'un excès d'acide carbonique, la disparition du carbonate de chaux. On pouvait croire, en effet, que ce dernier corps passait alors à l'état de bicarbonate, et devenait ainsi soluble. La suite de mes expériences m'a montré que le phénomène était loin de présenter une telle simplicité, et que le carbonate de chaux, ne se retrouvant dans aucune partie des tissus de la plante, était décomposé, la chaux mise ainsi en liberté venant alors se combiner, au moins en partie, avec l'acide pectique. Cependant cette réaction ne peut se produire que dans la tige, qui est le seul point où l'on rencontre le pectate de chaux ainsi formé : il faut donc admettre que le carbonate de chaux, avant d'être décomposé, a été d'abord entraîné vers les parties axiles du végétal, et ce transport ne peut guère s'expliquer que par la transformation du carbonate en bicarbonate soluble. Ce phénomène doit donc se produire de toutes façons, mais il joue un rôle moins important que celui que je lui avais attribué tout d'abord.

mises pendant une quinzaine de jours à l'action de l'obscurité, les résultats suivants.

	Rapport du nombre de mâcles contenues dans une plante soumise à l'obscurité, à celui des mâcles contenues dans une plante placée dans des conditions normales.			
	7ᶜ EXPÉRIENCE (Ficus elastica)	8ᵉ EXPÉRIENCE (Ficus elastica)	9ᵉ EXPÉRIENCE (Urtica urens.)	MOYENNE.
Feuille......	15 %	20 %	18 %	17.7 %
Tige: Moelle.......	23 %	20 %	26 %	23 %
Liber........	16 —	19 —	20 —	18.3 —
Ecorce.......	10 —	12 —	18 —	13.3 —
Epiderme....	50 —	45 —	38 —	44.3 —
Coupe totale de la tige.....	28 —	27 —	24 —	26.3 —

La diminution est donc, en chiffres ronds, de 75 % environ dans la tige, et d'un peu plus de 80 % dans la feuille [1].

---

[1] Ces faits paraissent fort peu compatibles avec l'idée généralement admise que les cystolithes, d'une part, et les diverses matières minérales qui se rencontrent dans les tissus végétaux, surtout à l'état cristallin, peuvent être considérés comme des produits d'excrétion sans aucune utilité pour l'accomplissement des fonctions du végétal. On peut admettre en effet que le carbonate de chaux s'accumule dans les organes appendiculaires, surtout par suite de l'évaporation qui s'exerce à la surface des feuilles, et qui fait passer à l'état de carbonate simple le bicarbonate tenu en dissolution dans l'eau ; on peut admettre également que la chaux qui a pénétré dans le corps de la plante à l'état de carbonate ou sous toute autre forme vient saturer l'acide oxalique à mesure qu'il se produit dans la cellule, et se dépose alors à l'état d'oxalate. Mais si le rôle de la chaux dans ces deux cas devait se borner là, si le carbonate et l'oxalate de chaux ainsi déposés n'étaient que de simples produits d'excrétion, ils devraient désormais se conduire comme des corps inertes et demeurer sans modifications jusqu'au moment où ils se sépareraient de l'organisme, c'est-à-dire jusqu'au moment de la chute de la feuille. Au contraire, nous les voyons, sous l'influence d'un agent extérieur, se décomposer et fournir un des matériaux nécessaires à l'édification d'un produit nouveau, le pectate de chaux. Il semblerait donc plus naturel de penser que ces corps sont au moins en partie autant des produits de sécrétion que des produits d'excrétion, et qu'ils sont une forme d'accumulation de la chaux, qui se dépose dans les tissus

La chaux provenant de la décomposition de ces deux sels (carbonate et oxalate) s'est rassemblée dans la tige, où elle existe en combinaison avec un autre acide[1]. On peut s'en assurer en traitant par l'acide sulfurique deux coupes de tige, prises, l'une sur une plante soumise à l'action de l'obscurité, l'autre placée dans les conditions normales; on voit se former des cristaux de sulfate de chaux beaucoup plus abondants dans la première que dans la seconde.

D'autre part, en traitant deux coupes de la même nature par l'acide chlorhydrique, qui décompose le pectate de chaux en laissant l'acide pectique à l'état insoluble, on obtient un résidu de ce dernier corps beaucoup plus abondant dans une coupe de tige soumise à l'action de l'obscurité que dans une coupe de tige placée dans les conditions normales. On peut conclure de là que la chaux qui existait primitivement dans la feuille et dans la tige sous forme de carbonate et d'oxalate, et qui a, sous l'influence de l'obscurité, été séparée de ces combinaisons, est main-

---

foliaires en attendant que sa présence soit nécessaire sur un autre point pour l'accomplissement des fonctions du végétal. Ce ne seraient donc plus des corps inertes, en quelque sorte étrangers à l'organisme qui les contient, mais des éléments actifs de la vie de la plante. Il semblerait d'ailleurs, à priori, difficile d'admettre, pour les cystolithes, qu'un simple produit d'élimination se présentât sous une forme si complexe et si constante, et que l'aspect bizarre et particulier de ces formations, leur présence exclusive chez quelques types de la série végétale, ne répondissent pas à un rôle physiologique particulier.

[1] Nous avons vu pour le carbonate de chaux comment peut s'effectuer ce transport. Il est probable que ce sel se transforme en bicarbonate soluble, est amené sous cette forme dans la tige, et subit la décomposition qui le fait passer à l'état de pectate de chaux. Un phénomène de même ordre doit se produire pour l'oxalate de chaux, qui doit également passer de la feuille dans la tige avant d'être décomposé. Il faut rappeler ici que les recherches de M. Vesque sur la formation artificielle des cristaux d'oxalate de chaux (*Observations sur les cristaux d'oxalate de chaux*, etc., *Ann. des Sc. Nat., Bot.*, 5e série, vol. XVIII, pag. 306) l'ont amené à admettre la solubilité de l'oxalate de chaux dans le milieu ambiant, c'est-à-dire dans le protoplasma. M. Vesque compare ce phénomène à celui de même ordre qui se produit pour le phosphate de chaux. Cette solubilité de l'oxalate de chaux dans le protoplasma pourrait peut-être expliquer son transport dans le cas qui nous occupe.

tenant accumulée dans la tige sous forme de pectate de chaux.

Chez les Acanthacées, aucun de ces phénomènes ne se produit et les cystolithes ne subissent aucune modification sous l'influence de l'obscurité. Cette différence capitale, constatée, au point de vue physiologique, entre les cystolithes des Acanthacées et ceux des Urticinées, paraît répondre aux autres différences non moins profondes qui existent dans la constitution de ces deux sortes de formations. Elle doit être en rapport surtout avec l'état du carbonate de chaux, qui se présente sous la forme cristalline chez les unes, et à l'état amorphe chez les autres.

Il faut donc tenir compte de cette différence et l'ajouter aux diverses raisons qui nous ont déjà fait considérer les cystolithes des Urticinées et ceux des Acanthacées comme des formations de nature différente.

CHAPITRE III.

RÉSUMÉ ET CONCLUSION DE LA SECONDE PARTIE.

Comme les expériences dont le détail vient d'être donné dans les chapitres précédents, mes conclusions doivent porter sur deux points différents.

Mes observations sur le développement de semis placés sur des sols différents m'ont donné les résultats suivants :

1° Toutes les graines d'Urticées examinées avant la germination présentent des réserves alimentaires exclusivement formées de grains d'aleurone, dans chacune desquels on peut distinguer un globoïde arrondi. Les graines d'Acanthacées sont dans le même cas, à l'exception des Acanthes et d'*Hexacentris coccinea* Neess., plantes dépourvues de cystolithes, et dans lesquelles les réserves de la graine sont constituées en majeure partie par de l'amidon.

2° Les réserves calcaires contenues dans les graines sous forme de globoïdes disparaissent plus rapidement lorsque la germination a lieu sur un sol formé de silice pure, que sur un sol formé de carbonate de chaux ou de terre ordinaire.

3º Cependant aucune partie de ces réserves ne contribue à la formation de dépôts de carbonate de chaux, soit sous forme de cystolithes, soit à tout autre état ; elles ne sont pas utilisées non plus pour la formation des cristaux d'oxalate de chaux, aucun de ces cristaux ne s'étant encore montré dans les diverses parties de mes jeunes plantes, à l'époque où je cessais les observations.

4º Dans les semis qui se sont développés sur de la silice pure, les cystolithes n'arrivent pas à leur entier développement; le pédicule se constitue bien, mais son extrémité libre ne devient jamais le siège d'une accumulation de cellulose, et elle demeure toujours entièrement dépourvue de calcaire.

5º Dans les semis faits sur de la terre ordinaire, la formation des rudiments cystolithiques est plus rapide et plus précoce que dans le cas précédent. Ils apparaissent dès que les cotylédons verts se sont dégagés des enveloppes séminales ; dans quelques cas, même avant; ils ne s'arrêtent pas dans leur évolution, comme dans le cas précédent, mais atteignent rapidement leur état parfait.

6º Sur un sol formé de carbonate de chaux pur, l'apparition des cystolithes a lieu au même moment que sur la terre ordinaire, mais leur développement est un peu plus rapide.

7º Les mêmes faits se produisent, mais avec une rapidité moins grande, sur un sol formé de sulfate de chaux.

8º Des graines semées sur de la terre ordinaire ou sur du carbonate de chaux, mais maintenues à l'obscurité, donnent des semis pourvus seulement de rudiments cystolithiques, sans carbonate de chaux.

Les résultats de ma seconde série d'expériences peuvent se résumer ainsi :

1º Des feuilles jaunes, mourantes, de diverses Urticacées, comparées aux feuilles vertes, présentent des cystolithes pourvus d'une bien moindre quantité de carbonate de chaux. Il n'en est pas de même chez les Acanthacées et les Pilea.

2º Chez les Acanthacées, on peut provoquer l'étiolement com-

plet et même la mort de la feuille, sans constater aucun changement dans l'état de formations cystolithiques qui paraissent complètement inertes. Ce fait paraît être en rapport avec l'état cristallin
du carbonate de chaux dans ces formations.

3° Chez les Urticées, l'obscurité détermine une disparition
complète du carbonate de chaux des cystolithes.

4° Cette disparition du carbonate de chaux est liée, moins à l'état
d'étiolement de la feuille qu'à la cessation de la fonction chlorophyllienne, puisqu'elle se produit, non seulement dans les feuilles
étiolées, mais encore dans celles qui sont demeurées vertes à
l'obscurité et qui n'ont pas encore eu le temps de s'étioler[1].

5° La disparition du carbonate de chaux n'est pas liée simplement à sa transformation en bicarbonate (par suite de la présence d'un excès d'acide carbonique), car des coupes de feuilles
et de tige, dans des plantes soumises à l'action de l'obscurité, ne
contiennent pas de trace de ce sel.

6° Le carbonate n'est pas le seul sel calcaire qui disparaisse
dans ces conditions, et l'oxalate subit le même sort. En comp-
tant le nombre de mâcles contenues dans les coupes de surfaces
données, on peut constater que, pour des plantes soumises à l'obscurité pendant quinze jours à trois semaines, la tige contient à
peine 25 °/₀ et la feuille 20 °/₀ du nombre de mâcles que présentent une tige et une feuille de plante placées dans des conditions normales.

7° En traitant par l'acide sulfurique deux coupes de tige prises, l'une sur une plante soumise à l'action de l'obscurité, l'autre

---

[1] Cette relation constatée entre la présence du carbonate de chaux dans les
cystolithes et l'accomplissement de la fonction chlorophyllienne permet d'expliquer
un certain nombre de faits précédemment constatés, par exemple la présence
exclusive des cystolithes et des autres formations calcaires dans les parties de la
plante colorées en vert. Elle explique aussi pourquoi les cystolithes n'arrivent pas
à leur entier développement dans un semis qui a été placé à l'obscurité; nous
avons vu également que dans les semis exposés à la lumière les cystolithes n'a-
chèvent de se constituer que lorsque les cotylédons sont dégagés des enveloppes
séminales, ou tout au moins lorsqu'ils contiennent déjà de la chlorophylle.

sur une plante placée dans les conditions normales, on voit se former des cristaux de sulfate de chaux beaucoup plus abondants dans la première que dans la seconde ; d'où il faut conclure que la chaux disparue du limbe foliaire est venue, dans la tige, se combiner avec un autre acide. Cet acide paraît être, au moins pour une partie, l'acide pectique, car, en traitant des coupes par l'acide chlorhydrique étendu, qui décompose le pectate de chaux et laisse l'acide pectique à l'état insoluble, on obtient un résidu beaucoup plus abondant avec une coupe de tige étiolée qu'avec une coupe de tige normale.

8° La résorption du carbonate de chaux, produite ici par l'action de l'obscurité, peut encore être déterminée par d'autres circonstances. C'est ainsi que chez les Borraginées, les formations calcaires du calice, très riches en carbonate de chaux dans le bouton, perdent peu à peu de leur richesse à mesure que la fleur se développe, de façon que, lorsque la fleur est entièrement épanouie, le carbonate de chaux a à peu près complètement disparu. On peut supposer qu'ici il y a une relation entre la disparition du carbonate de chaux et la constitution des réserves de la graine, réserves qui contiennent une quantité notable de phosphate de chaux.

En résumé, il est permis d'affirmer que le carbonate de chaux des cystolithes, et, avec lui, l'oxalate de chaux déposé dans les tissus sous forme de mâcles, paraissent être quelque chose de plus que des produits d'excrétion, et que les variations qui peuvent s'observer dans leurs quantités, suivant les circonstances, peuvent laisser de croire que ces éléments jouent dans la vie de la plante un rôle encore à déterminer.

EXPLICATION DES PLANCHES.

PLANCHE I.

Fig. 1. *Adathoda furcata.* Épiderme supérieur de la feuille, avec deux cystolithes. 200/1.

2. *A. vasica.* Épiderme supérieur de la feuille, avec deux cystolithes vus par l'extrémité. 200/1.

3. *A. vasica.* Coupe transversale d'une feuille montrant deux cystolithes placés perpendiculairement à la surface de l'épiderme. 200/1.

4. *A. vasica.* Coupe d'une feuille très jeune, avec des formations cystolithiques (*a*, *b*, *c*) à divers états de développement. 750/1. (Le contenu cellulaire n'a pas été figuré.)

5. *Ruellia varians.* Coupe de feuille, avec un cystolithe sous-épidermique. 200/1.

6. *R. varians.* Coupe de feuille très jeune, avec des formations cystolithiques (*a*, *b*, *c*) à divers états de développement. 750/1.

7. *R. varians.* Coupe d'une nervure principale, dans la région collenchymateuse. 200/1.

8. *R. varians.* Région libéro-ligneuse de la même nervure. 200/1.

9. *R. varians.* Collenchyme de la tige. 200/1.

PLANCHE II.

Fig. 1. *Goldfussia anisophylla.* Épiderme inférieur de la feuille, avec un cystolithe. 200/1.

2. *G. anisophylla.* Coupe de feuille, avec deux cystolithes dans l'épiderme supérieur. 200/1.

3. *G. anisophylla.* Coupe des parois de l'ovaire, avec deux cystolithes. 300/1.

4. *G. anisophylla.* Coupe de feuille très jeune, avec formations cystolithiques (*a*, *b*, *c*, *d*) à divers états de développement. 750/1.

5. *Justicia carnea.* Coupe de feuille, avec deux cystolithes dans l'épiderme. 200/1.

6. *Libonia floribunda.* Coupe de feuille très jeune, avec un cystolithe commençant à apparaître. 800/1.

7. *L. floribunda*. Cystolithe un peu plus avancé. 750/−.

8. — — 750/−.

9. — — 550/1.

10. — — 410/1.

11. — Cystolithe entièrement développé. 350/1.

12. *Peristrophe speciosa*. Épiderme supérieur de feuille, avec un cystolithe. 200/1.

13. *Barleria Prionitis*. Épiderme inférieur de feuille, avec deux cystolithes insérés sur la même paroi cellulaire. 200/1.

PLANCHE III.

Fig. 1. *Urtica dioica*. Épiderme inférieur de feuille, avec trois cystolithes. 200/1.

2. *U. dioica*. Épiderme supérieur de feuille, avec trois cystolithes. 200/1.

3. *U. dioica*. Coupe de feuille très jeune, avec une cellule cystolithique dont la paroi externe est fortement épaissie. 300/1.

4. *U. dioica*. Coupe de feuille jeune, avec une cellule cystolithique dans laquelle le pédicule s'est formé. 300/1.

5. *U. dioica*. Coupe de feuille jeune. La masse cellulosque du cystolithe a commencé à se former. 200/1.

6. *U. dioica*. Coupe de feuille, avec un cystolithe presque complètement constitué. 150/1.

7. *U. biloba*. Coupe de feuille adulte, avec un cystolithe. 200/1.

8. *U. biloba*. Coupe de feuille très jeune, dans laquelle une cellule épidermique commence à épaissir sa paroi externe. 350/1.

9-10. Cystolithes d'*U. biloba* à des états un peu plus avancés. 350/1.

11. *Bœhmeria nivea*. Coupe de feuille jeune. 300/1.

12. — Coupe de feuille adulte. 300/1.

13. *Parietaria diffusa*. Épiderme supérieur de feuille adulte 200/1.

14. *P. diffusa*. Coupe de feuille adulte, avec deux cystolithes. 200/1.

15. *P. diffusa*. Poil calcaire, à la face supérieure d'une feuille adulte. 200/1.

16. *P. diffusa*. Poil de la face inférieure d'une feuille adulte. 200/1.

17. *P. diffusa*. Coupe de feuille jeune, avec un cystolithe non développé. 300/1.

18. *P. diffusa*. Coupe de feuille jeune, avec un poil calcaire non développé. 300/1.

19. *Pilea rupipendia*. Épiderme supérieur de la feuille, avec un cystolithe linéaiere 200/1.

14

20. *Goldfussia anisophylla.* Cystolithe dépouillé de son carbonate de chaux par un acide et vu dans la lumière polarisée. 200/1.

21. *Ficus elastica.* Cystolithe pris dans une feuille maintenue à l'obscurité. 300/1.

PLANCHE IV.

FIG. 1. *Ficus elastica.* Cystolithe dans l'épiderme supérieur d'une feuille adulte. 300/1.

2. *F. elastica.* Cystolithe dans l'épiderme supérieur d'une feuille adulte. 300/1.

3. *F. macrophylla.* Épiderme supérieur d'une feuille très jeune, avec deux cellules cystolithiques qui ont épaissi leur paroi externe. 300/1.

4. *F. macrophylla.* Épiderme supérieur d'une feuille jeune, avec deux rudiments cystolithiques. 300/1.

5. *F. macrophylla.* Épiderme supérieur d'une feuille jeune, avec un rudiment cystolithique un peu plus développé. 200/1.

6. *F. macrophylla.* Épiderme supérieur d'une feuille presque adulte (l'extrémité du pédicule s'est renflée en massue, mais n'est pas encore incrustée de carbonate de chaux). 200/1.

7. *F. rubiginosa.* Épiderme supérieur d'une feuille jeune. 200/1.

8. *F. rubiginosa.* Épiderme supérieur d'une feuille un peu plus âgée. 200/1.

9. *F. rubiginosa.* Cystolithe dans une feuille adulte. 200/1.

10. *F. carica.* Cystolithe dans l'épiderme inférieur d'une feuille adulte. 200/1.

11. *F. carica.* Deux cystolithes dans une feuille adulte (l'une des cellules cystolithiques est encore surmontée des restes du poil primitif). 200/1.

12. *F. carica.* Cystolithe un peu moins avancé sur une feuille adulte. 200/1.

13. *F. carica.* Poil en voie de résorption sur une feuille adulte.

14. *F. carica.* Poil en voie de résorption, mais moins avancé. 200/1.

15-16-17. *F. carica.* Poils cystolithiques avant la résorption. Le dépôt cellulosique, déjà formé en 15, commence à s'incruster en 16 et 17. 200/1.

18. *F. carica.* Coupe de l'épiderme du réceptacle, avec un poil cystolithique. 200/1.

19. *F. carica.* Coupe de l'épiderme du réceptacle, dans une figue non encore arrivée à maturité. 200/1.

20. *Ficus carica*. Coupe de l'épiderme du réceptacle, dans une figue qui commence à peine à se développer. 200/1.

21. *F. carica*. Un poil cystolithique au même état que dans la figure précédente, mais vu de face. 200/1.

22. *F. carica*. Épiderme du réceptacle, dans une figue très jeune. 200/1.

Planche V.

Fig. 1. *F. repens*. Cystolithe à la face inférieure d'une feuille adulte. 200/1.

2. *F. repens*. Cystolithe pris sur une feuille un peu plus jeune. 200/1.

3. *F. repens*. Cystolithe pris sur une feuille jeune. 200/1.

Fig. 4. *Celtis australis*. Épiderme supérieur de feuille adulte, avec un cystolithe et un poil calcaire. 200/1.

5. *C. australis*. Cystolithes pris sur des feuilles adultes. 200/1.

6-12.   —   Divers états de développement d'un cystolithe, sur des feuilles de plus en plus jeunes. 200/1.

14. *Morus alba*. Poils cystolithiques, sur une feuille très jeune. 350/1.

15.   —   Poil en voie de résorption. 350/1.

16-19   —   Divers états de résorption des poils, sur des feuilles de plus en plus avancées. 350/1.

20-21   —   Cystolithes pris sur des feuilles adultes. 200/1.

22. *Cannabis sativa*. Poil cystolithique, sur une feuille jeune. 200/1.

23.   —   Poil en voie de résorption. 200/1.

24.   —   Cystolithe, sur une feuille adulte. 200/1.

25. *Humulus lupulus*. Deux poils cystolithiques, sur une feuille jeune. 200/1.

26-27. *H. lupulus*. Poils pris sur une feuille un peu plus âgée. 200/1.

28. *H. lupulus*. Cystolithe sur une feuille adulte. 200/1.

29-30.   —   Résidus siliceux provenant de l'incinération de deux poils cystolithiques. 200/1.

Planche VI.

Fig. 1 *Ulmus campestris*. Poil cystolithique, sur une feuille jeune. 200/1.

2.   —   Un poil un peu plus avancé, en coupe. 200/1.

3.   —   Poil pris sur une feuille adulte. 200/1.

4.   —   Un autre poil un peu plus complètement résorbé, en coupe. 200/1.

5. *Ulmus campestris*. Formation cystolithique, dans l'épiderme supérieur d'une feuille adulte. 200/1.

6. *Broussonetia papyrifera*. Poil cystolithique, sur une feuille jeune. 200/1.

7. *B. papyrifera*. Poil cystolithique, sur une feuille adulte. 200/1.

8. *B. papyrifera*. Poil cystolithique de feuille adulte, dont la masse cellulosique interne est fort peu développée, et dont la base s'est entourée d'une collerette à plusieurs étages de cellules épidermiques. 100/1.

9. *Tournefortia heliotropioides*. Poil cystolithique, sur une feuille jeune. 200/1.

10-12. *T. heliotropioides*. Poils à divers états de résorption (feuille adulte). 200/1.

13. *T. heliotropioides*. Cystolithe, à la face inférieure d'une feuille adulte. 200/1.

14. *Tiaridium Indicum*. Poil cystolithique, sur une feuille très jeune. 200/1.

15-16. *T. Indicum*. Trois poils à divers états de résorption (feuille adulte). 200/1.

17. *T. Indicum*. Cystolithe, dans l'épiderme supérieur d'une feuille adulte.

Fig. 18. *Heliotropium Europeum*. Poil cystolithique, sur une feuille adulte. 200/1.

19-20. *Cerinthe aspera*. Éminences mamillaires, sur une feuille adulte. 200/1.

21-22. *C. aspera*. Éminences mamillaires, en coupe. 200/1.

23. — Coupe d'une éminence mamillaire, sur une feuille jeune. 200/1.

24. *C. aspera*. Poil cystolithique, sur une feuille très jeune. 200/1.

25. *Verbena bonariensis*. Poil pris sur une feuille très jeune. 350/1.

26. — Poil de même nature, en voie de résorption. 200/1.

27. *V. bonariensis*. Éminence mamillaire, sur une feuille adulte. 200/1.

28. *V. bonariensis*. Poil cystolithique, sur une feuille très jeune. 200/1.

29. *V. bonariensis*. Poil cystolithique, sur une feuille adulte. 200/1.

Planche VII.

Fig. 1. *Lithospermum purpureo-ceruleum*. Poil calcaire sur une feuille adulte. 200/1.

2. *L. purpureo-ceruleum*. Poil calcaire sur une feuille jeune. 200/1.

3. *L. purpureo-ceruleum*. Résidu siliceux d'un poil.

4. *L. fruticosum*. Poil calcaire. 200/1.

5. *Anchusa officinalis*. Poil calcaire, sur une feuille adulte. 200/1.

6. — Poil calcaire, sur une feuille jeune. 200/1.

7. *Echium vulgare*. Poil calcaire. 50/1.

8. — Résidu siliceux d'un poil, après incinération. 100/1.

9. *Symphytum Tauricum*. Poil calcaire. 200/1.

10. *S. asperrimum*. Poil calcaire, sur la face superieure d'une feuille. 50/1.

11. *S. asperrimum*. Poil, sur la face inférieure d'une feuille. 140/1.

12. *Myosotis sylvatica*. Poil calcaire de la feuille. 200/1.

13. — Poil calcaire de la tige. 200/1.

14. *Cynoglossum pictum*. Poil calcaire. 200/1.

15. *Cassinia glauca*. Poil calcaire, sur une feuille adulte. 50/1.

16. — Poil calcaire, sur une feuille jeune. 100/1.

FIN.

Pl. I.

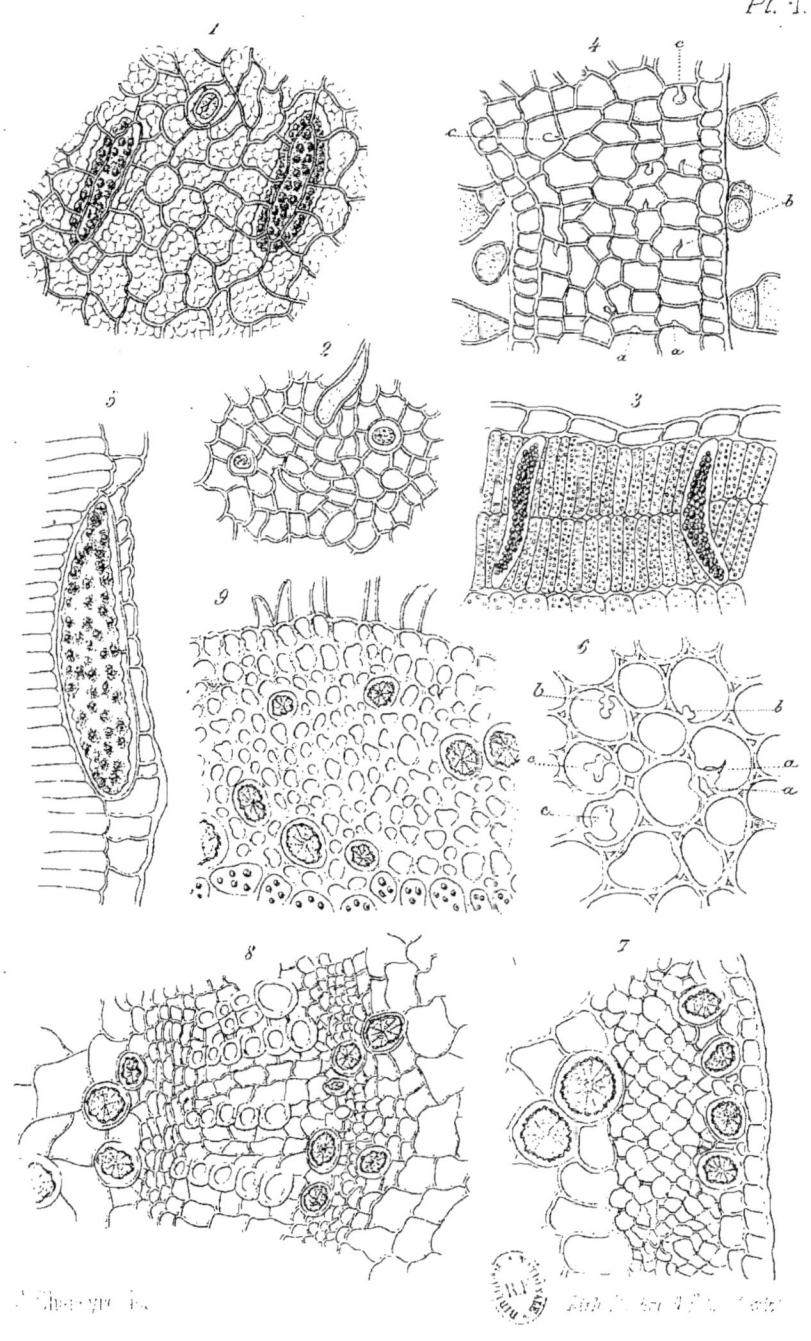

Pl. II

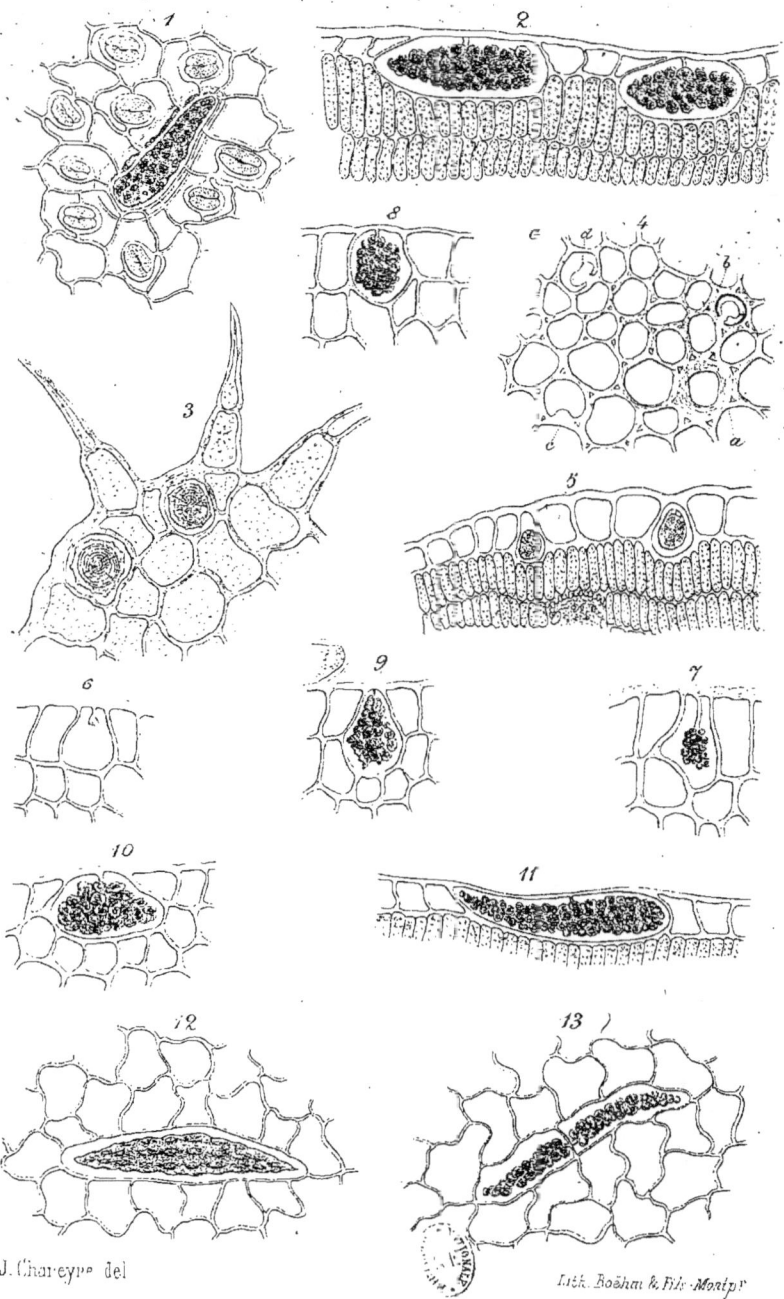

J. Chareyre del

Lith. Boëhm & Fils Montp.

Pl. III.

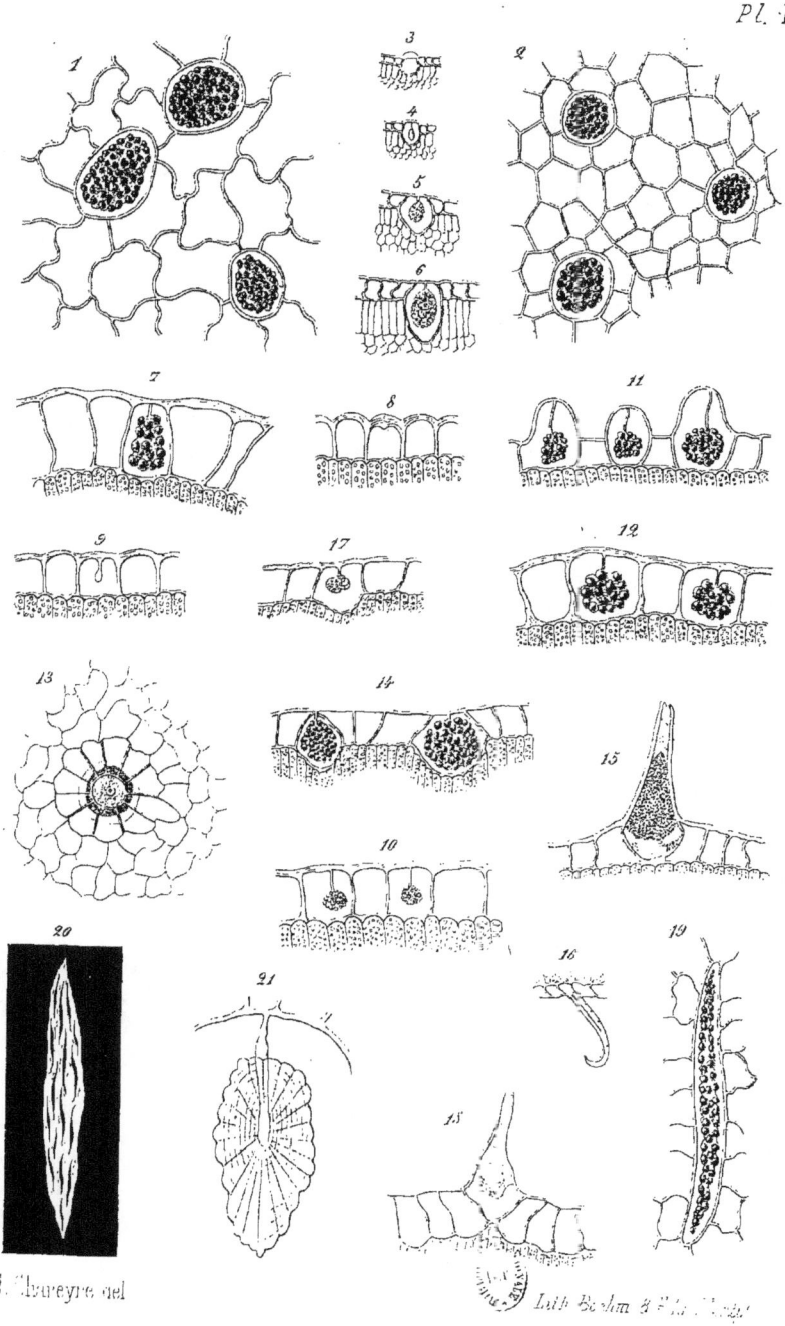

Lith Böehm & F.ts ?????

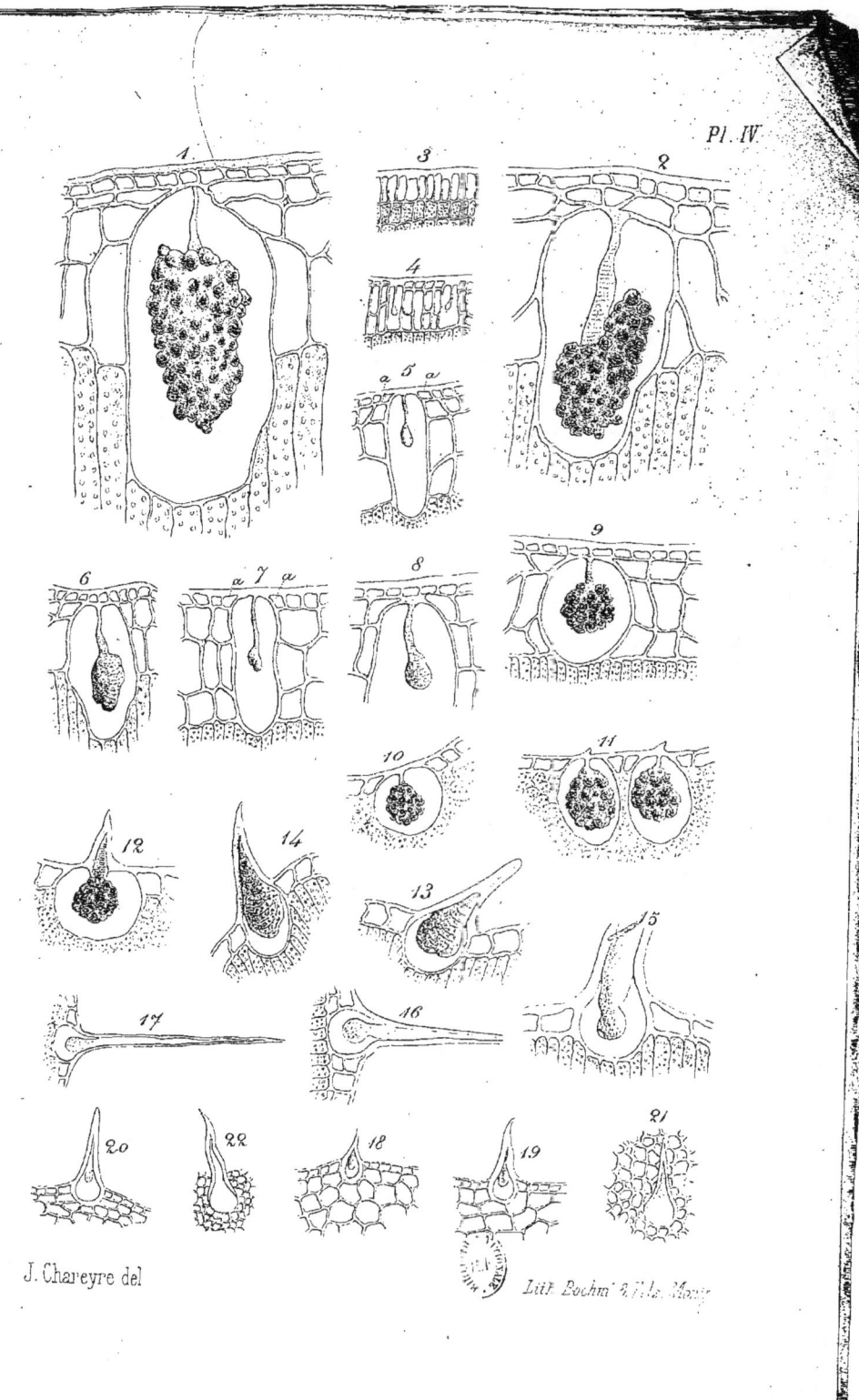

Pl. IV

J. Chareyre del

Lith Bochm? & fils Mar...

Pl. V.

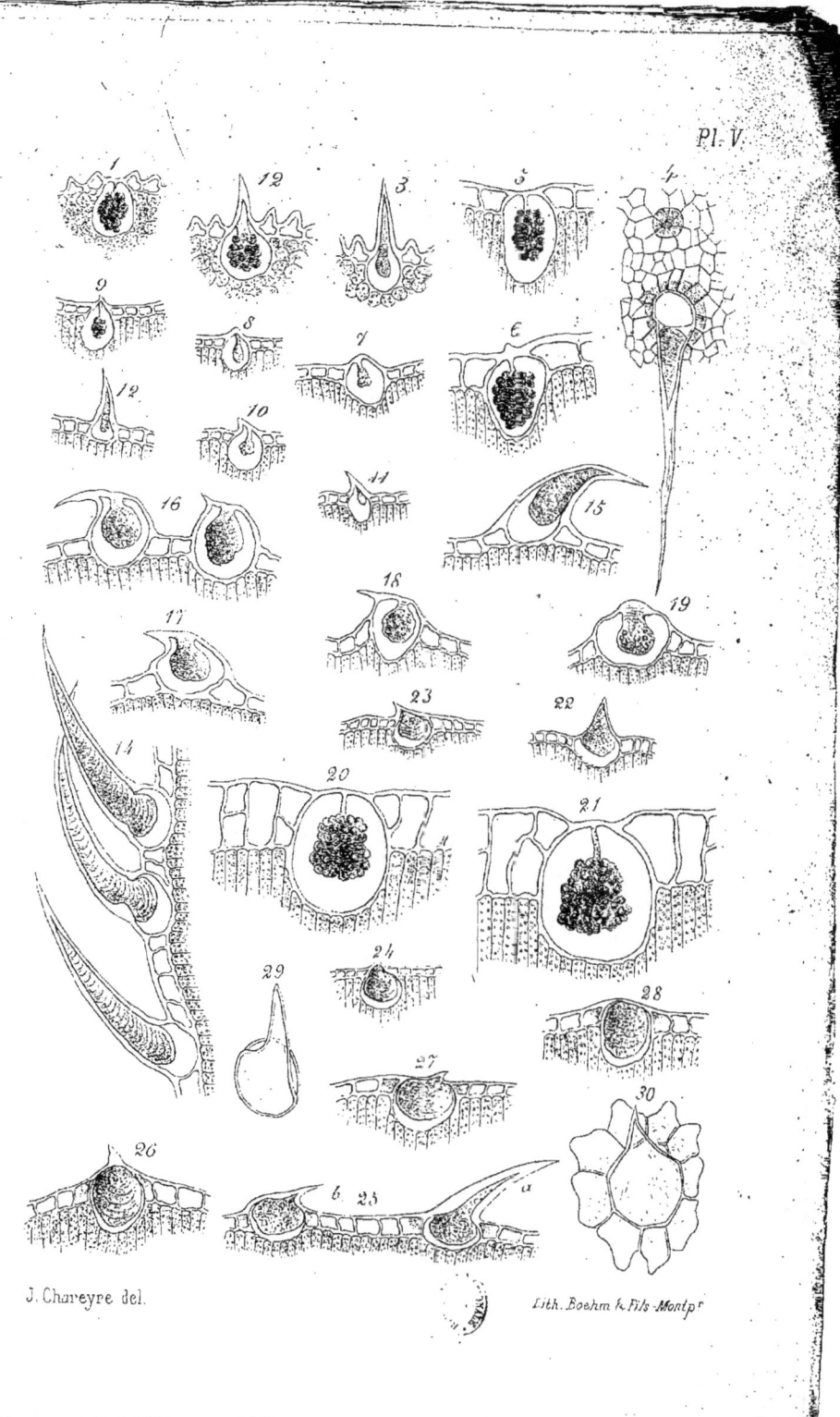

J. Chareyre del.

Lith. Boehm & Fils-Montp.

Pl. VI

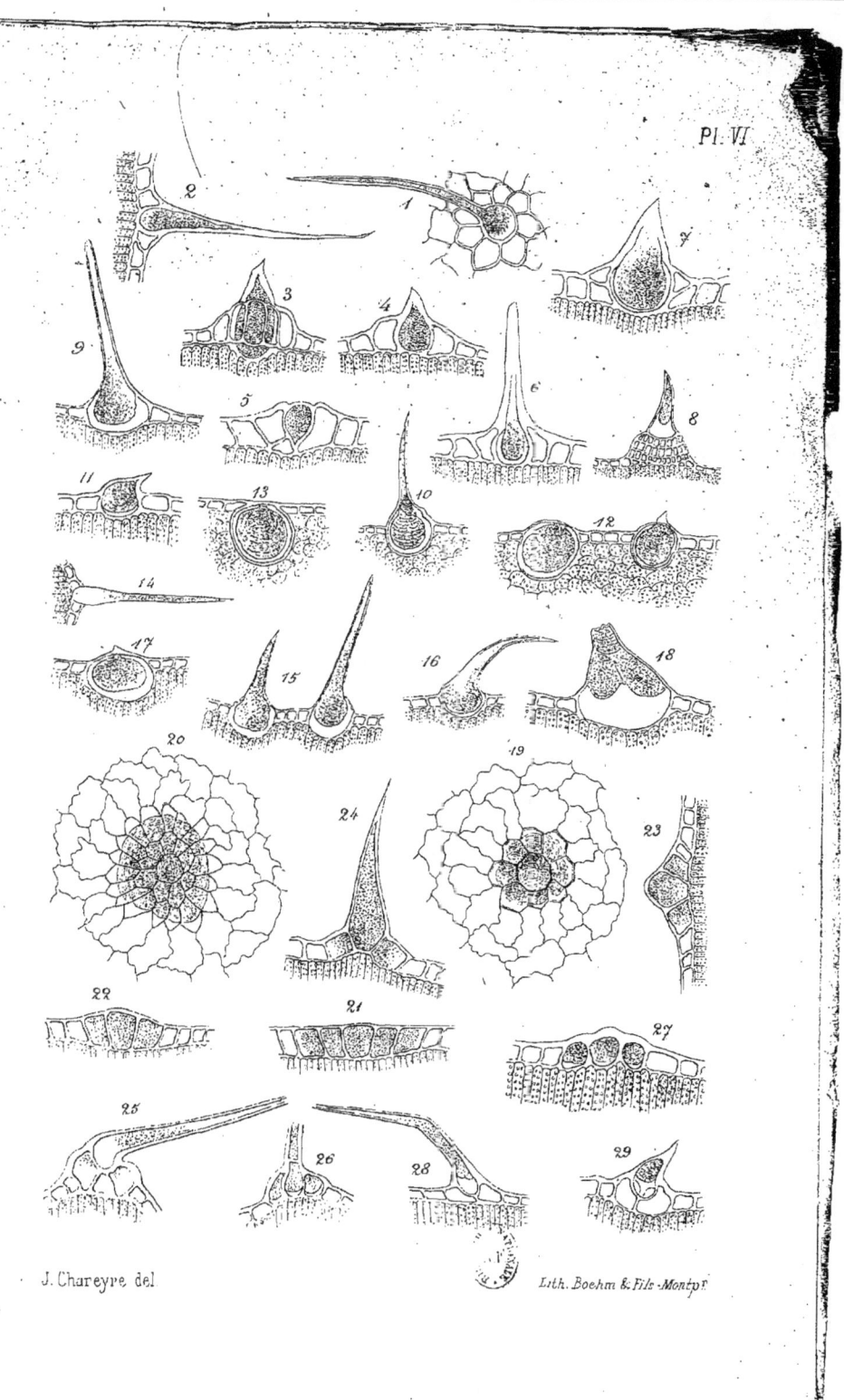

J. Chareyre del.

Lith. Boehm & Fils. Montp.

Pl. VII

G. Clos sculp. del

Lith Boehm & Fils. Montp.t